JN011742

幸せに なりたければ ねこと 暮らしなさ

樺木宏 著

かばきみなこ 監修

【新装版】

社

さまざまな癒しと学びを与えてくれたねこ、
こじろう（1998〜2015）に捧げる

はじめに

あなたはねこと暮らしているでしょうか?

もちろん暮らしている、という人もいるでしょうし、暮らしたいけど今は難しい、という人もいると思います。ねこにちょっと興味があるから立ち読みしているだけ、という方もいるでしょう。どれに当てはまるにせよ、この本はあなたを今までよりもほんの少し、人によってはものすごく、幸せにすることをお約束します。

なぜならこの本は「ねことあなたの幸せ」にスポットライトを当て、意外なほど広範囲で、かつてないほど具体的に書いてある初めての本だからです。

この本を読んだあと、あなたは次の3つのメリットを得ていることでしょう。

1、心も身体も健康になり、自信がつき、人生が好転する

2、ねこに感謝する気持ちが生まれ、よりよい関係が築けるようになっていく

3、ねこの素晴らしさを伝える力が増し、周りに幸せな人とねこが増える

ごあいさつが遅れました。この本を手に取っていただきありがとうございます。私は保護ねこ7匹と暮らしつつ出版のプロデュースをしている、樺木宏（かばきひろし）と申します。優れた著者さんの書籍を世に送りだすのが私の仕事ですが、ねこが好き過ぎてこの度自分でも書く運びとなりました。しかも私はもともと犬派。妻の影響でねこと暮らしはじめた時には、ねこと暮らす時間を確保するために起業し、ねこの本まで書くことになろうとは、夢にも思わなかったことです。

これもひとえに、ねこの実力のなせる技でしょう。

ねこは人間にとって素晴らしい存在です。

そのことは多くの人が知っていますが、その理由については意外と知られていないもの。なんとなく可愛いからとか、癒されるから、といった感覚的なものに留まっていることが多いと思います。

しかし実は、それはとてももったいないことなのです。知らないばかりに、せっかく得られるはずの好影響を、見過ごしてしまいがちだからです。

この本は「ねこと暮らすことは、なぜあなたにとって素晴らしいのか」について、さまざまな角度から、分かりやすく伝えていきます。

そしてそのことは、時代の要請だと私は考えています。

近年はネコノミクスという言葉も生まれ、ねこに関する経済効果は年間２兆３千億円ともいわれています。

書店にはねこの本が所狭しと並び、Ｗｅｂには動画があふれています。アニメから町おこしにまでねこのキャラクターが使われ、分野を問わずねこをモチーフにした商品は良く売れています。

しかし残念なことに、今世の中でねこについて知られていることは断片的であると言わざるを得ません。

ねこには本質的に人を幸せにする力があるのに、表面的なことしか知られていない傾向があるのです。

このミスマッチが形となって現われているのが、ねこの殺処分です。

年間に殺処分されるねこの数は、環境省のデータによれば約３万匹。ここ数年は減少傾向にあるとはいえ、非常に残念な数字です。

また、ペットとして店で売られるねこでも、流通過程で約６０００匹が死亡しているとも言われています。

空前のねこブームと言われながらも、一方で残念な殺処分がはびこる今だからこそ、ねこと暮らす素晴らしさについて、再度見直すべき時でしょう。

ねこは単に可愛いだけの存在ではありません。実は人格の成長から生きる姿勢までも教えてくれるポテンシャルをもった存在なのです。

考えてみれば、ねこと人は1万年も生活を共にしています。

「農作物をねずみから守ってくれたから」とか、「なんとなく可愛いから」などといった理由だけで1万年も関係は続きません。しかも現代になって空前のブームが起きる、などということも起こり得ません。

その背景には、まだまだ語りつくされていない「ねこと人が共に求めあう理由」があります。

その一端に、本書では迫りたいと思います。

私は出版のプロデュースをするかたわら、「ねこ生活アドバイザー」である妻と共にねこの保護活動を行ってきました。子ねこを保護し、育て、里親を探し、Webサイトでは妻がねこの飼い方の無料相談にのってきました。そして、のべ2000件のねこについての相談に乗ってきた妻に監修してもらい、この本を書いています。

　この本を手に取っていただいたあなたと、1匹でも多くのねこがより幸せな関係を築くきっかけとなり、不幸なねこが一匹でも減る一助となれば、これに勝る喜びはありません。

目次

第2章 ねこと暮らすと「自分らしさ」を取り戻せる 79

第3章 一流の人は、なぜねこと暮らすのか？ 131

第4章 幸せをくれるねことの上手なつきあいかた 173

企画・執筆・写真：樺木宏
監修：かばき みなこ

人生で大切なことは すべてねこが教えてくれる

悩み多き人間社会の、ねこの新しい役割とは？

ねこと人の関係は、1万年前にまでさかのぼります。

従来は約4000年前のエジプトが始まりだという説がありましたが、近年それは変わりました。分子生物学や考古学で新しい発見があったからです。ヤマネコのDNAとの違いを調べた結果や、地中海のキプロス島で9500年前の遺跡に人とねこが共に埋葬されていたことなどから、今では「1万年説」が有力になっています。

人類の西暦が始まって約2000年ですから、それよりも8000年も前からねこと人がいっしょに暮らしていたというのは、ちょっと実感が湧かないほどの長い時間ですね。


ねこは人間にとって、最初は農作物を守ってくれる「便利な存在」だったといわれています。確かにねずみに食料をかじられてしまっては、生活の基盤が脅かされてしまいます。それを防いでくれるねこは、今で言えば金庫番のような存在だったのでしょう。

ただ、その関係は途中から変化していきます。最初は便利だから利用していただけだったのが、いつのまにか欠かせないパートナーになっていったのです。

例えば古代エジプトでは、紀元前３０００年以前は、ねこに宗教的な意味は無かったことが分かっています。しかし時代を経るにつれ、ねこはお守りのシンボルとして描かれはじめ、ついには「神様」として信仰の対象になりました。

この時期、ねこが単に便利な存在から、愛着の対象、そして畏敬の対象へと、より重要な存在になっていったことが分かります。

このように、人とねこの歴史は長く、そしてその関係は深いです。

なぜこれほどまでに、ねこは親しまれているのでしょうか？

もしねこが「ねずみから大切な農作物を守ってくれる金庫番」「なんとなく可愛い」だけの存在であったならば、その役割を終えたはるか昔に、関係は解消されているはずですし、他にもペットの選択肢が多い現在、ここまでのブームにもなり得ないはずです。

結論から言えば、ねこがこれほど人との関わりが深く長いのは**「人間の心身の悩みを解消し、成長させてくれる存在」**だから、というのが私の考えです。

今の日本は、不安や悩みがとても多い社会です。少子高齢化による年金破綻などの将来への経済的な不安。グローバル化による仕事の競争の激化。個人を取り巻く環境をみても、人間関係のストレスは増え、健康への悩みも尽きません。そうした悩みを解決するため、情報が世の中にあふれています。本は書店に所狭しと積まれ、テレビでは毎日番組が放送されています。

また、情報があふれ返る一方で、人間はそれ自体によってストレスを感じるようになりました。ひと昔前なら、モノや情報が多すぎてストレスになるなど、思いもよらなかったことです。だから「片づけ」や「考えない」というテーマの本がベストセラーになったりします。悩みが需要を生み、それがまた新しい悩みを作りだす、という流れが垣間見えてきます。

こうした今の時代の悩みをねこは解消してくれる。単に可愛いだけでなく、人として成長させてくれる。だからねこと人は1万年も関係が続いているし、悩み多き時代の今、ねこブームが起きているのだと思います。

ねこと暮らすことで、人は心身ともに健康になれます。社会的な問題、個人的な悩みに対応できるよう、成長させてもくれます。

ねこは単なる「金庫番」でも「ペット」でもなく、おどろくほど人間の悩みを解消し、成長させてくれる存在。つまり、ねこと暮らせば、私たちは幸せになれるのです。

この結論を読者のあなたに納得していただけるよう、本書では理由や事例について詳しくお伝えしていきます。

ねこと暮らすことの心理的・身体的メリットから始まり、あなたの自信を高めて社会生活をレベルアップさせてくれること、そして人間関係の改善にいたるまで、広い範囲にわたってねこがあなたに与えてくれる好影響について伝えます。

どのような好影響があるのかをできるだけ具体的に、かつ様々な事例を踏まえるよう、工夫しています。

ねこと暮らすと、それがそのまま人生をよりよくする「ねこ啓発」になる

出版には「自己啓発」というジャンルがあります。

「よりよい人生を送りたい」「人生について大切なことを学びたい」と思ったときに読まれる本ですね。私の考えでは、テーマを絞らず幅広い範囲のメリットが詰め込まれた本、というイメージです。

例えば有名な経営者である稲盛和夫さんの著書に、その名もズバリ「生き方」というタイトルの本があります。これなどはまさに人生の様々な場面で役立つ幅広さがあり、典型的な自己啓発本と言えるでしょう。

そして実は、ねこと暮らすことは、自己啓発本を読むのと同じか、それ以上の効果が得られます。その効果を本書では**「ねこ啓発」**と名づけたいと思います。

「ねこと暮らすことによりあなたの潜在的な能力が引き出され、精神面でも成長すること」を表す造語です。

ねこと暮らすことは人生のさまざまなカテゴリーにまたがって役に立ちます。そのことをお伝えするため、この本ではあなたが得られる効果ごとに章を分けました。

ねこはあなたの心の苦痛をやわらげ、身体を健康にしてくれます（**第1章**）。ねこはあなたに自信を与え、自己評価を高めてくれますし（**第2章**）、ねこはあなたの社会生活を円滑にし、さらには仕事のレベルを上げてもくれるのです（**第3章**）。そして最後に、その効果を実際に得ていただくために、幸せになるためのねことの暮らしかた（**第4章**）としてお伝えします。これが「ねこ啓発」のおおまかな概要です。

このように、あなたが得られるメリットが幅広い範囲にまたがっている本ですので、この本を読むときは、好きなページ、関心のあるページから自由に読んでいただければと思います。

先頭から順番に読んでいくのもよいのですが、本というものは、買った人の多くが途中で読むのをやめてしまい、いわゆる「積ん読」になっていまいがちです。せっかくご縁があってこの本を手に取ったあなたが、ねこの素晴らしさを知る前に本を置いてしまうのはもったいないことです。ご遠慮なく興味を引く内容から飛ばし読みをしてみてください。

そして部分的にでもよいので、ぜひご家族や友人に「ねこと暮らすと、こんなに素晴らしいよ」と情報を分かち合ってみてください。

ねこはあなたのセラピスト&コーチを兼任する

アニマルセラピーという治療分野が確立していることからも分かるように、動物は人を癒す力を持っています。一緒にいるだけでホッとして気持ちが軽くなる、ストレスが消えていく。マイナスの状態に陥ってしまったとき、本来の元気な自分に戻してくれます。

一般に悩みのあるマイナスの状態からゼロの状態に戻すことは、カウンセリングが受け持っています。だからねこに限らずペットは皆、一種のカウンセラーだと言えるでしょう。人がペットと共に暮らす、大きな理由の1つがこれです。

しかしねこがユニークなのは、癒しの効果に加えて、さらに上のレベルに高めてくれる力を持っていることです。マイナスからゼロへ戻してくれるだけでなく、ゼロか

らプラスへ引っ張り上げてくれるのです。一般に、さらによりよい境地を目指すことは、コーチングの領域です。だからねこは、あなたのカウンセラーにして、コーチでもある、2つの好影響をあなたに与えてくる、ということなのです。

先にこの本の概要をお伝えしましたが、別の視点からみれば、心の苦痛をやわらげ、カラダを健康にすることについて書いた1章は「カウンセリング」の内容といえます。そして、あなたに自信を与える2章と、あなたの社会生活のレベルを上げてくれる3章は「コーチング」の内容という見方もできるでしょう。あなたが今何を求めているか、という視点から読みはじめていただくのもお勧めです。

もちろん、何も考えずにねことただ暮らすだけでも、その癒しの効果は得られます。本当はその事だけでも、十分だと思います。しかし今は、人とねこの間に残念なミスマッチがはびこる時代です。ねことの暮らしからさらに多くを得ることで、ねこの社会的地位もあがります。コーチング効果は、何も考えないときよりも、しっかりと意識的に自覚することで、多くを得られるものです。もしあなたがすでにねこと暮らしていても、より多くの気づきや、刺激を得ていただきたいですし、それを情報発信していただきたいと思います。

人がねこから学ぶべき理由

なぜこの本では「ねこ」だけを特別に取り上げているのでしょうか?

この本に書かれていることは、1つ1つを別々に取り上げれば、他の方法でも代用可能なものも含まれています。ならばねこでなくとも良いのでは、という声が聞こえてきそうです。

しかし結論から言えば、**やはりねこでなければならない**のです。

その理由は2つあります。

1つは、この本に書かれている全てを同時に満たすのは、ねこしかいないということ。ここまで幅広い好影響は、他の動物だけから得ることはできません。本を読みセミナーに参加し、カウンセラーやコーチに依頼する必要があるでしょう。時間も費用も、そして労力もかかります。しかしねこなら、ただ一緒に暮らすだけです。

2つ目の理由は、脳の機能にあります。「好きであればあるほど、学びの効果が高まる」のです。脳は情報を必要かどうか、ふるいにかけています。好きであれば、それは重要と判断されて、強い印象と共に深く記憶されます。このことを機能的に言えば、海馬という部位が重要かどうかを判断しているのですが、「好き嫌い」を判断する扁桃体がとなりにあり、その影響を強く受けるのです。昔から「好きこそものの上手なれ」といいますが、これは脳の機能として理にかなっているのですね。

ねこ好きな人にとって、これほど脳が重要視することがらもありません。あなたの脳の扁桃体が「ねこが大好きだ！」と言い、となりの海馬が「じゃあこの情報はとても重要だ！」と判断するのですから、学びとしては最強です。

このことは今の時代、とても重要な意味を持ちます。私たちは日々、不要な情報に囲まれています。何かを見ても聞いても学んでも、さらっと流してしまう習慣がついています。そんな中では、強い印象と共に大切にしまわれた学びでなければ、翌日になれば約7割を忘れてしまうものなのです。ましてや、実際の人生で思い出し、応用して使うことなどできません。ここに、残念ながら本やセミナーがすぐには役立たない一因があります。生兵法や机上の空論になってしまいやすいのです。

腹落ちして忘れず、実生活の知恵としてすぐ活かしていくことができる「ねこがくれる実践的な知恵」。これがすなわち、人がねこから学ぶべき理由なのです。

もちろん、ねこに対するリスペクトや愛情なくしては、こうした効果は得られません。文学作家の吉川英治氏は「我以外皆師」という言葉を、著書「宮本武蔵」の中で語らせています。

こうした謙虚に学ぶ姿勢、それを支える向上心。そういう気持ちでねこと接する時、学びは最大限に活かされ、ねこはあなたの人生にとって大切なことをすべて教えてくれる。

そう言っても過言ではないでしょう。

なぜ、「ねこ」は
健康にいいのか？

不安にさいなまれているとき、ねこがあなたに与えてくれるもの

誰しも、イヤなことがあって仕事が手に付かない、趣味も楽しめない、という経験があるのではないでしょうか。時にはそれを何日も引きずってしまい、ちょっとうつな状態に……となってしまうことも、あるかもしれません。

人は精神的にショックなことがあると、言語を司っている左脳の活動が弱くなってしまいます。だから仕事が手につかなくなる、といったことが起こります。デメリットはそれだけではありません。精神の安定に関わっている神経伝達物質が抑えられてしまいます。その結果、気分が落ち込んだり、衝動的になったり、睡眠障害やうつになる場合もあるのです。

このように、最初はちょっとしたイヤなことでも、それを引きずったり、積み重な

ったりすると大変です。あなたは慢性的に「安心感」を感じられなくなってしまいます。無意識に、自分の周りは危険な世界、という思いにとらわれていきます。他者とのコミュニケーションも上手くいかなくなり、信頼関係も築けなくなってしまいます。自分自身への肯定的な感情も失なわれていき、自分をほめることも元気を出すことも、できなくなってしまうでしょう。

すこしネガティブな話になってしまいましたが、これは決して特別な話ではありません。厚生労働省によれば、うつ病などの気分障害の患者数は１１１万人と、過去最多とのこと（２０１５年）。実にこの15年で、２・５倍にも増えています。

風邪も放っておけば肺炎になってしまうこともあるのと同じで、心のダメージも軽いときに癒すことが大切です。

しかしあなたがねこといるなら、大丈夫です。

その理由の１つは、**ねこは毎日あなたに寄り添ってくれる**こと。

ストレスは日々積み重なりますから、それを日々解消してくことが大切です。趣味やスポーツに興じたり、飲みに行って憂さを晴らす、というのもよいのですが、毎日

行うわけにもいきません。もちろん行ってもよいのですが、夫婦間のトラブルや、経済的な面で、別の問題が起きる可能性が大です。

その点、ねこは家に帰れば毎日そこにいますから、頻度の点で理想的です。なんのデメリットもなく、ただメリットだけを日々与えてくれます。

２つ目の理由は、**ねこはあなたの脳内に、精神を安定させる脳内ホルモンを分泌させる**からです。例えば、３大神経伝達物質の１つであり、「幸せホルモン」とも呼ばれるセロトニンはその１つです。精神の安定や心の安らぎに直接関わる脳内環境に、ねこの存在は大きく影響するのです。ねこといることで、何種類もの好影響を与える脳内ホルモンが出てきます。そしてあなたは癒されて本来の元気な状態に戻っていく。人生に対する安心感を日々、再確認できるのです。

ここで、犬や他の動物でも同じ効果があるのでは、と思う人もいるかもしれません。確かにそうした効果が得られるのは否定しませんが、ねこの場合は、少し事情が異なります。ねこの場合は、あなたが群れのリーダーだから従う、というような「条件」が無いからです。ごはんをくれるから、という打算の関係でもありません。

ねこがあなたのそばにいるのは、ただ自分がそうしたいと思ったときだけ。かれらは群れの動物ではないので、主人への義務感で動くことはありません。そこには打算抜きで、お互いの本音だけで成り立つ信頼関係があります。

だからねこがそばにいてくれるとき、「自分は無条件でOKな存在だ」という安心感は、他の動物と比べてもとても大きいものがあるのです。

このように、ねこは特別な安心感を提供してくれます。そこで日々、少しずつ癒され、回復し、不幸感が薄らいでいく。これが、辛いときのあなたにねこが与えてくれる、「ねこ啓発」の効果の1つなのです。

この章ではこうした効果やその理由について、詳しく見ていきましょう。

ねこが癒した自閉症の少女の話

イギリスにアイリス・グレース・ハームシャーちゃんという6歳の少女がいます。彼女は素晴らしい絵を書くので有名なのですが、重度の自閉症でもあり、医師も「彼女は一生話すことはできないだろう」と諦めるほどでした。

しかしあるねこと出会ってから、彼女は奇跡的に言葉を話しはじめました。それだけでなく、精神的にも落ち着くようになり、朝どうしても起きられなかった子だったのに、今では満面の笑顔で起きるようになったそうです。絵を書くときもねこと一緒、寝るときもねこと一緒。その姿にまわりの大人たちも癒され、ネット上の動画は数百万回も再生されています。

「Different is Brilliant」 https://vimeo.com/148709885（動画へのリンク）

自閉症の原因には諸説あり、なぜねこと暮らすことで症状が改善したのか、という因果関係は証明されていません。ただ誰にも心を開かなかった少女が、ねことの信頼関係を築き、癒されていったことは紛れもない事実です。

今後研究が進み、過程を説明できるようになるのでしょうが、一番大切なのは、今わたしたちにどんなメリットがあるのか、ということ。現実に動画が世界中で再生されているのをみても分かるように、**国境や人種を超えて誰もが「なるほど」と納得できる癒しが、ねことの暮らしにはあるのです。**

私がこの話を聞いて興味深かったのは、アイリスちゃんの両親は、最初何種類かの動物とひきあわせて動物セラピーを試みた、という話でした。その中には、ねこも含まれていたのに、そのときは全く関心を示さなかったそうです。しかしある時、親戚から預かったねこに関心を示し、言葉を発して追いかけました。その後、今のねこと出会った時には、出会った瞬間に仲良くなれたのです。

私も多くのねこと暮らしているので分かるのですが、一匹一匹の顔つきから性格まで、全く個性が違います。優しいけどしっかり者だったり、気が強いけど甘えん坊だったり、いろいろな性格のねこがいるのです。これは、人間関係も同じ。お互いを受け入れて癒す関係もあれば、一見競い合っているようで励ましあう関係、というものもあります。

ねことひとことで言っても、人間関係といっしょで関係性はさまざま。あなたを静かに癒すねこもいるし、積極的に勇気づけてくれるねこもいる。

だからもし、あなたが過去に「ねことはこういう生き物だ」という考えを固めていたとしても、いちどリセットして、心を開いてねことの一期一会に臨んでいただきたいと思います。きっと今まで気づかなかった、想像以上に素晴らしいなにかを、ねこはあなたに与えてくれるでしょう。

まとめ

ねことの友情は、自閉症をも癒す

癒されたければ、ねこの手を借りなさい

アニマルセラピーという言葉を聞いたことがあると思います。

アニマルセラピーとは、動物とコミュニケーションをとることで、精神的・肉体的な健康の回復を目的としたものです。対象は幅広く、不登校の子供から老人ホームのお年寄り、うつの方からがんの終末期の方、などを対象にしたプログラムがあります。

愛着のある動物と過ごした人はそうでない人よりも、孤独感が少なく、抑うつ状態になりにくいことが分かっています。また、その愛着が強ければ強いほど、抑うつが弱くなり、逆に幸福感が強くなるのです。

もちろん、ねこはアニマルセラピーで重要な働きをしています。例えば、ある老人ホームでは、ねこに触れたお年寄りの8割の血圧が下がった、という実験結果が出ているそうです。そうした効果のおかげか、最近ではペットと同居可能な老人ホームも増えつつあります。

他にも、ペットと過ごす高齢者は通院回数が少なかったり、心筋梗塞になった方の一年後生存率はペットと暮らす人のほうが3倍高い、という調査結果もあるのです。

ねこといると、目先の不安な気持ちを忘れることができます。暖かい気持ちになり、時間が経つのを忘れてしまうことも。そしてねこと触れ合ったあとでは、さわやかな気持ちになり、悩みや焦りがどこかにいってしまっていることに気づくのです。

医師の治療と家族の支え、そしてねこ。だれもがうつ病になる可能性のある時代だからこそ、支えとなるものは全て利用したい。もしあなたがねこ好きなら、大きな癒しのアドバンテージを持っている、と言えるでしょう。だからもしものときは「ねこの手も借りて」癒したいものですね。

まとめ

ねこの癒し効果はアニマルセラピーでも実証済み

3つの「ねこホルモン」を流せば健康になる

ねこが人を癒す実例について、いくつかお話ししました。

ここからは、それがなぜなのかについて、見ていきましょう。

人間は精神的に深刻な打撃を受けると、脳の機能を一部麻痺させることで適応しようとします。これが心的外傷ストレス障害、いわゆるPTSDです。心をダメージから守ってくれるのは良いのですが、その副産物として、幸せを感じられなくなったり、物事に関心が無くなったりします。ネガティブな感情と同時に、ポジティブな感情も目減りしてしまうのです。場合によっては記憶や言葉に障害が出ることすらあります。

一度に大きいダメージが来てPTSDになる場合もあれば、日々のストレスが積み重なり、いつのまにかそうなってしまう場合もあります。なにかとストレスが多い社会に暮らす私たちには怖い話です。

現在はさまざまな治療法がありますが、ねこと暮らすことは、その中でも効果的で有力な選択肢の1つです。なぜならわたしたちの考え方や感情の多くは、脳内物質に影響を受けるからです。ねこは、良い脳内環境をあなたに与えてくれるのです。

具体的には、

(1)セロトニン：別名「幸せホルモン」

(2)オキシトシン：別名「愛情ホルモン」

(3)ベータ・エンドルフィン：別名「脳内麻薬」

といった脳内物質が大きく関わってきます。ねことの生活では、さまざまな場面で自然とこうした脳内物質が分泌されるのです。いわば3つの「ねこホルモン」です。だからストレスで傷つき、疲れたあなたを、ねこは複合的に癒してくれるのです。

次からは、それぞれの脳内物質の働きについて、詳しく見ていきましょう。

まとめ

ねこは3つの脳内物質であなたを癒す

ねこがくれる「幸せホルモン」の働きとは

それではまず、「幸せホルモン」として有名なセロトニンについてです。

セロトニンは神経を安定させる働きをもっています。心の安らぎを感じたり、精神的に落ちついている、というときは、セロトニンが働いているときです。

とはいえ人には感情の波があり、時には興奮したり、怒ったりもします。セロトニンが「安定」に関わっていると言われるのは、こうした興奮を静める働きももっているからです。例えるなら、いつもおだやかなだけでなく、暴れている人を取り押さえてもくれる頼れるヤツ、というイメージでしょうか。

セロトニン自体が心の落ちつきをもたらす効果があるだけでなく、他の刺激を抑制する働きがあるのです。このことをもう少し詳しく言うと、次のようになります。

- **ドーパミン**…「快感ホルモン」としてテンションを上げ、集中力やモチベーションを上げる
- **ノルアドレナリン**…「怒りのホルモン」として、興奮させるだけでなく、不安や恐怖

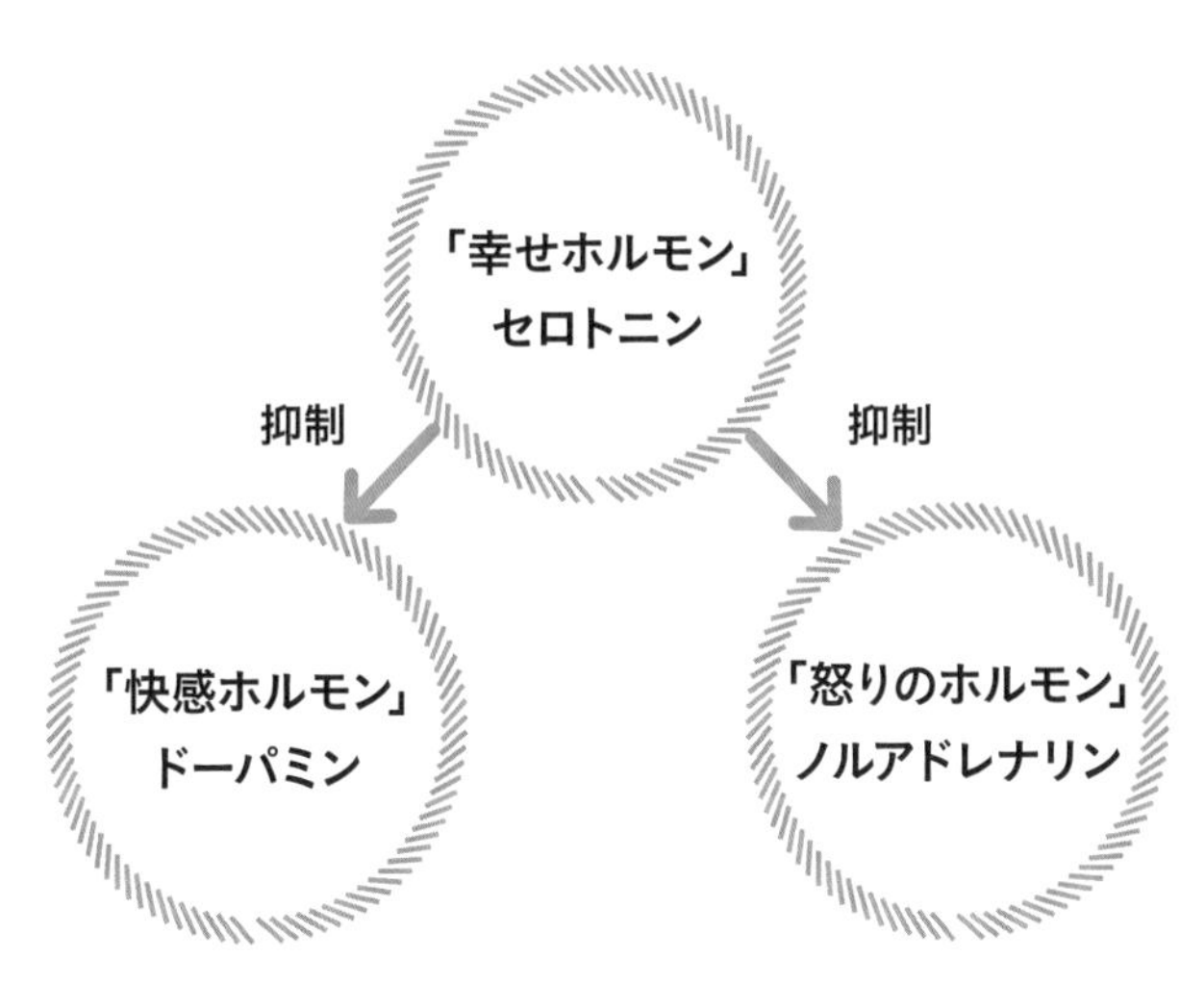

にも関係する

・**セロトニン**…「幸せホルモン」として精神を安定させ、先の２つの騒がしい神経伝達物質を抑制する

ちなみにこれらは、「３大神経伝達物質」と呼ばれたりもします。

このような働きがあるから、あなたは喜怒哀楽を感じることができるし、不安になったり怒りが収まらない時に心の安らぎを取り戻したり、精神的に落ちつけるのです。

もちろん、興奮や怒り、そして不安といった感情も、私たちには欠かせない感情です。ただしそれに振り回されてしまうと、いろいろと問題が起きてきます。

例えば、人はストレスがかかると、恐怖や

不安を感じさせるノルアドレナリンを出します。これは私たちに危険を知らせてくれ、集中力を高めてくれる働きがあるのですが、過剰に分泌されてしまうと、常にストレスがかかった状態になってしまいます。そしてこうしたことが繰り返されると、脳内の「ノルアドレナリン受容体」の感度が増してしまい、小さなことでもイライラしやすくなったり、過剰に傷ついてしまうのです。それが行き着く先が例えば、うつなのですね。

大切なのはバランスです。

セロトニンは過剰な反応を抑制し、感情を安定させ、バランスをとってくれます。そして、穏やかな落ちつきをもたらしてくれる。だから幸せホルモンと言われているのです。

まとめ

心の安定には3大神経伝達物質のバランスが大切

ねこ流、幸せホルモンの増やしかた

このように大切な「幸せホルモン」ことセロトニン。一般にセロトニンを増やす方法はいろいろあるのですが、ねこと暮らしているならあまり意識せずとも大丈夫。なぜならねこと暮らしていると、自然と多く分泌されることになるからです。

まず、セロトニンを増やす要素の1つに「早寝早起き」があります。要は日の光を浴びて、規則正しい生活をすることがポイントなのですが、これはねこと暮らしているとクリアしやすいです。なぜなら、朝になるとねこが起こしにくるからです。

わが家の例で言えば「おなかが空いた〜」と朝に枕元で鳴かれます。それも1匹ではなく、5匹くらい集合して皆でプレッシャーをかけてくることもしばしば。このプレッシャーが、あなたの起床時間を確実に早めます。ねこの体内時計はとても正確なので、それが毎朝、正確に繰り返されるでしょう。

こうしたごはんの催促の強弱は個人差もありますが、たとえ控えめなねこでも、お腹がすけば確実に催促をしてくれること請け合いです。

次に、セロトニンを増やす要素としては「リズム運動」があります。具体的には、歩く、深呼吸する、食べ物をよく噛むなどです。一定のリズムで繰り返されるシンプルな運動が、セロトニンを増やすポイント。これも、ねこと暮らしていると自然と増えるでしょう。というのも、ねこが「遊んで〜」と毎日せがんでくるからです。

ねこは目の前を横切るものに関心をしめすので、おもちゃを目の前で、リズムよく振ってあげることになります。「右、左、右、左」と、ねこの視線が左右に動く時、あなたはすでにリズム運動を行っています。

これが、ほぼ毎日、定期的に繰り返されるのです。なぜならこちらが忘れていても、ねこが覚えているからです。ねこは一度「これは楽しい！」と覚えると忘れない上に、先の正確な体内時計まで加わります。毎日繰り返し「遊んで〜」と催促して思いださせてくれるでしょう。

また、ねこと暮らしていればそのしぐさに一喜一憂し、笑う機会も多くなります。これがストレス解消につながります。

ねこの面白い動画や写真がネット上に大量にアップロードされていることからも分

かりますが、そのしぐさや行動は人を和ませ、笑わせてくれます。これらの感情の発散が、ストレスを解消してくれるのです。

ねこはなわばりの動物。心から安心できる空間でしかくつろぎません。その安心できる場所とはあなたの家。ねこはあなたの家で「安心オーラ」を大量に放出し、そばにいるあなたまでくつろがせてくれるでしょう。ねこ動画サイトも活況ですが、この本物がそばにいる臨場感にはかないません。

その効果範囲の中に実際にいると、あなたに安心感が押し寄せてきます。そうした癒しの効果が、近年の「ねこカフェ」ブームの要因だと思います。ねこカフェに通っている方なら、ほぼ全員が賛成してくれるのではないでしょうか。

このように、ねこと暮らすことで、あなたは自然とセロトニンを増やすライフスタイルになっているのです。

なお、ねことのスキンシップもセロトニンを増やします。あなたがねこを撫で、ねこはあなたの手をペロペロなめる。こうしたやり取りでもセロトニンが分泌されるのですが、これは次の項で詳しく説明しましょう。

ねこを撫でるとなぜか癒される、を科学する

引き続き、ねこと癒しの関係について見ていきましょう。

ねこを撫でると（その時のご機嫌次第ではありますが）とても喜んでくれます。そして時には、あなたの手をお返しに舐めてくれることもあるでしょう。くつろいだ表情でペロペロとお礼をしてくれる姿は、とても心癒されるものです。

しかしこれらは、気分的なものだけでなく、実際に癒しの効果があることが分かっています。

それは、**オキシトシン**の分泌によるものです。

あなたがねこを撫でることで、手のひらから脳に刺激がいきます。この触感が、別名「愛情ホルモン」とも呼ばれ、脳下垂体後葉ホルモンであるオキシトシンを分泌させるのです。オキシトシンには、触れあいたいという気持ちを促す効果があります。そしてオキシトシンは、先の心を安定させる神経伝達物質セロトニンの分泌も促します。

つまり、ねこを撫でていると、いつまでも撫でていたくなる。そして心が落ちつき満たされる。それでさらに撫で続けていたくなる、という「癒しのループ」が完成するのです。

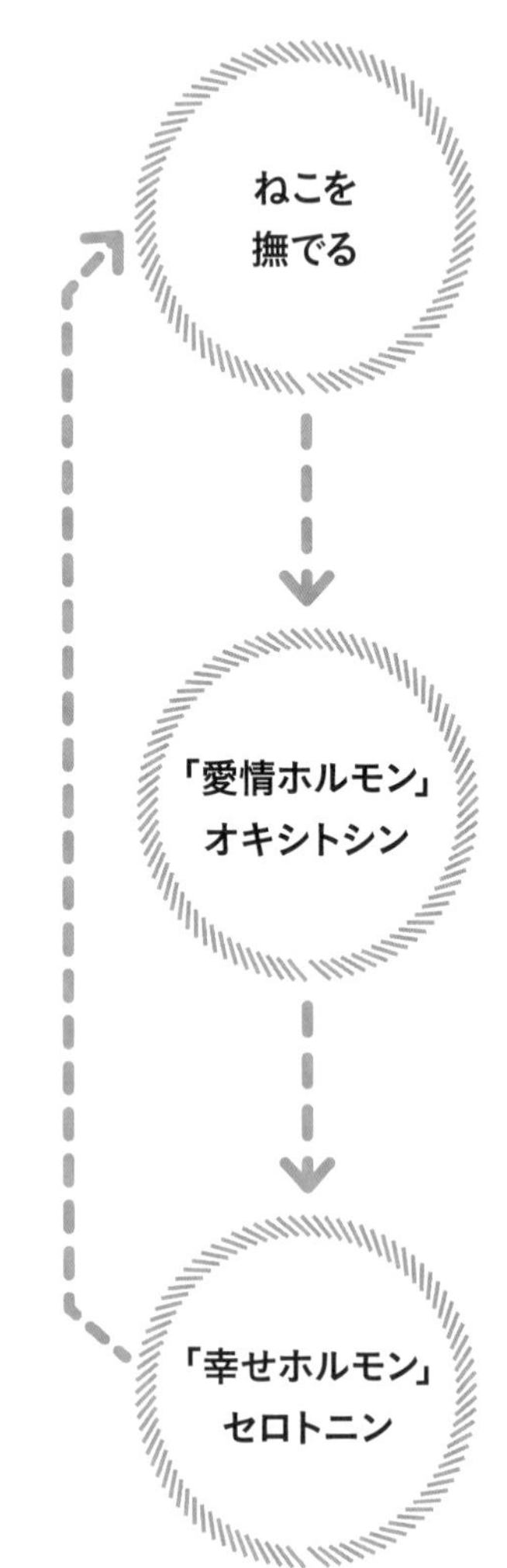

手のひらからの刺激、そこにねこが舐めてくれる皮膚刺激も加わると、さらに効果が高まります。
人体生理学的に言えば、皮膚はその表面積上、人体最大の器官といえます。そして、五感の中でも微妙で複雑な刺激を脳に伝える器官でもあるのです。その繊細で優れた

器官が、あなたの脳に指令を出し、効果的に脳内ホルモンを分泌させるのです。

また、ねこを撫でていると「ゴロゴロ」とのどを鳴らしたり、ねこがあなたを信頼のまなざしで見つめたり、ということも多いです。それは癒しの効果をさらに高めてくれることはいうまでもありません。

ねこを撫でることで、アドレナリンとコルチゾールが必要以上に分泌されるのが抑えられる、という研究成果もあります。コルチゾールについては後述しますが、この両者が過剰にでてしまうと免疫力を低下させてしまうので、身体を守る働きもある、と言えるでしょう。

このように、ねこを撫でることで心身共に癒されるのです。

さらに素晴らしいことには、この癒しの効果は、ねこの側にも起こっている、ということです。自分が癒されるだけでなく、ねこを癒してあげてもいる。まさにWin-Winの関係なのです。

まとめ

ねこを撫でると「愛情ホルモン」が増える

悲しいことがあったなら、ねこに癒されよう

悲しいことがあってからずっとなんとなく調子が悪い、ということはありませんか？　その原因は「ストレスホルモン」のせいかもしれません。人はストレスを感じ続けると身体を守る免疫機能が低下してしまいます。その原因は、別名ストレスホルモンとも呼ばれる、コルチゾールなのです。

副腎皮質から分泌され、代謝にかかわる重要な機能をもつのがコルチゾール。しかしその別名の通り、ストレスを受けると分泌量が増加し、副作用がおきてきます。炎症を抑える働きがある反面、免疫機能自体も低下させてしまいます。そのことで風邪を引きやすくなったりするのです。血糖値をあげる働きをもつため、糖尿病や動脈硬化の原因となることもあります。

このように、ストレスを放置していると、長い間にはあなたの身体は徐々に蝕まれてしまうかもしれません。

しかし、**ねこと暮らしていれば大丈夫。**

ねこと触れあうことでオキシトシンという愛情ホルモンが分泌されることはお伝えしましたが、実はこのオキシトシン、過剰なコルチゾールの働きを抑えてくれる働きもあるのです。脳の視床下部に働きかけて抑制してくれます。

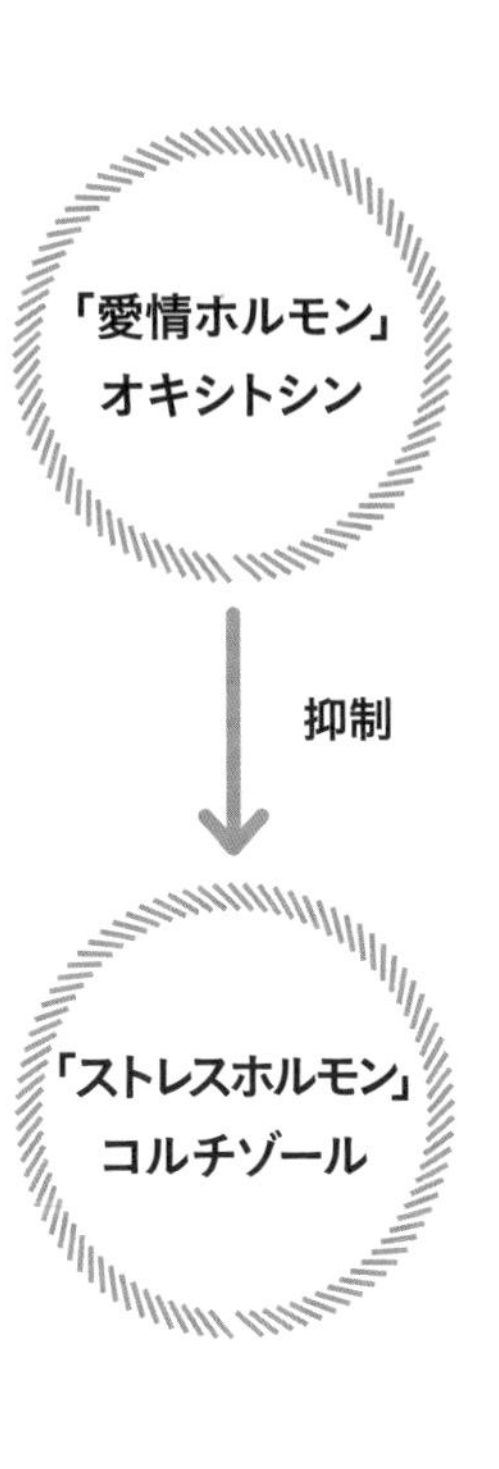

ねこは毎日必ず居てくれて、向こうから触れ合いを催促してくれます。自然とセロトニンが毎日分泌され、コルチゾールが抑制される生活習慣になるのですね。

私の経験では、人が悲しみに沈んでいると、ねこがそれを察して寄り添ってくれる事が多いと感じています。

私の妻が落ち込んだときは、いつもねこが寄り添ってくれていました。妻の母が亡くなった時は長男ねこのこじろうが、そのこじろうが亡くなった時は、次男ねこのちいちぃがそばに来て、鳴く事もせずしばらく寄り添い、まるで見守るかのようにいてくれた事が過去に何度もあったのです。妻はねこがそばにいてくれる事で心強く、そして安心し、思いっきり泣く事ができたり、身体を休める事ができたといいます。

ねこがどうやって感じ取っているのか、微妙な声のトーンなどの変化を察知しているのか、それは分かりません。しかし確かに、ねこは人間が考えている以上に表情や態度、声色を理解します。

ちなみに、このようないたわりは、ねこ同士にもあります。わが家の「ココたろう」という雄ねこは、とても面倒見がよくて優しい性格。年下のねこの面倒もよく見てくれています。家族をケアしてくれているその姿を見ているだけで、こちらも癒されます。

まとめ

ねこの「愛情ホルモン」は「ストレスホルモン」を抑制する

ストレスをゼロにするのは難しいもの。私たちは日々なんらかのストレスを感じます。だからこそ、その対策は日常的に行われることが大切。ねことの生活をストレス対策として捉えるという視点が今後、もっと増えていくと素晴らしいですね。

「元気の落とし穴」に落ちないために

一般に元気なことは良いことだ、と思われています。しかしテンションが上がり過ぎるのも考えものです。なぜなら、その反動で落ち込んだり、自分や周りを傷つけてしまうこともあるからです。

元気な時には、ドーパミンが影響していることが多いです。ドーパミンとは、先のセロトニンと同じく、3大神経伝達物質の1つ。「快感ホルモン」としても知られており、テンションを上げ、集中力やモチベーションを高めます。

ドーパミンは解放感や高揚感ももたらしてくれます。いわゆる「ハイになる」ときに分泌されている、といえば分かりやすいかもしれません。向上心も高まるので、目標達成のために積極的に利用する人もいますし、そのためのノウハウが書かれた本などもあります。

しかし、過剰に分泌され続けてしまうと、より大きな快楽を求めてどんどん基準が高くなってしまいます。意欲から目標を目指すのはよいのですが、脅迫的になってしまっては、自分を傷つけてしまいます。

ちょうどこの原稿を書いているのはリオオリンピックの最中なのですが、素晴らしい成績を残していているのに「金メダルを取れなくてすみません」と謝っているアスリートが大勢いました。もちろん、意識の高さや自分への厳しさ、という賞賛すべき面もあります。しかしテンションを上げ、集中力やモチベーションを高め、より大きな刺激を求め続けることで、〝基準が高くなり過ぎる〟というドーパミンの落とし穴に陥っているのでは、と感じずにはいられません。


それが自分だけに向かっているならまだ良いのですが、周囲への要求まで高くなってしまうこともあります。「周りに腹が立ってしょうがない」といった状態がそうです。そうなるとトラブルも増え、周りもついていけなくなり、人も離れてしまうでしょう。部下は「あの人にはもうついていけない」と思い、上司は「おれは一生懸命やっているのになんで分かってくれないのか」と思うすれ違いは、ドーパミン過剰もその一因なのです。

さらには、目的達成のためには手段を選ばない、という風に人格が変わっていくこともあります。「昔はあんな人ではなかった」というケースは、ドーパミンが影響している場合が多いのです。

このような「元気の落とし穴」に落ちないために、ねこは大きな働きをしてくれます。ねことの生活で自然と分泌される脳内ホルモンのセロトニンが、ドーパミンの過剰分泌を抑えてバランスをとってくれるからです。セロトニン自身も、心の落ちつきをもたらす作用を発揮してくれます。

のめり込み過ぎたり、周りにイライラしたときは、いったん落ちついて、ねこを眺める時間をとる。これだけのことで自分も周囲もラクになり、コミュニケーションが改善されるでしょう。

次のオリンピックは東京です。日々精進を続けるアスリートが報われるために、そして頑張っているあなたが仕事で高いパフォーマンスを発揮するために、ねことの暮らしを真剣に検討したいですね。

まとめ

ねこは、快感ホルモンの落とし穴から守ってくれる

「幸福感」が欲しければ、ねこを眺めなさい

1億総健康ブームの時代です。テレビをつければ毎日のように、健康によい情報が伝えられています。本のベストセラーの中にも健康本が多く、老若男女問わず売れています。

そうした中、筋トレやマラソンにハマる人が増えています。その魅力を聞くと、身体への好影響もさることながら「走っているとき、走ったあとの精神的な充実感」を挙げる人が多いです。筋トレもマラソンも基本的にはきつい運動ですが、その苦痛を乗り越えあとに、快楽と幸福感が待っているのです。

そのキーポイントとなるのが、別名「脳内麻薬」といわれるベータ・エンドルフィンという脳内物質です。

例えばマラソン。苦しい状態をなんとかがんばって一定の時間が過ぎると、やがて苦しさが薄れ、むしろ気持ちよくなってきます。「ランナーズ・ハイ」と呼ばれるこの状態は、ベータ・エンドルフィンが作用しているために起こります。この脳内物質は、

同時に強い幸福感ももたらしますので、苦痛を乗り越えたら、快感と幸福感が待っている、ということになります。このようなメリットがあるので、一見大変そうな運動を好む人が増えているのですね。

もちろん、筋トレを継続してマッチョマンになったり、フルマラソンを完走するのも素晴らしいことなのですが、実はもっとお手軽にベータ・エンドルフィンを分泌させることができます。

それは、ねこを見て「かわいいな〜」と思うこと。たったそれだけです。

ねこに意識を向け、愛情を感じることで、あなたの脳にベータ・エンドルフィンが分泌されます。筋トレやマラソンと比べて、拍子抜けするくらいお手軽ではないでしょうか？

近年、ねこの写真集が売れていますし、ねこ専用の動画サイトが立ち上がったりしています。これらは、ベータ・エンドルフィンの効果を実感する人が増えていることの証明です。もちろん、それらも素晴らしい効果があるのですが、やはりリアルに存

在するねこの臨場感にはかないません。幸福感が欲しければ、ねこを眺めることこそ、その近道なのです。

ねこを可愛いと思うだけで、脳内麻薬が分泌される

依存症を断ち切るねこの力

ギャンブルやタバコ。やらない方がいいと分かっていながら、どうしてもガマンできない人は多いものです。そこまで分かりやすくなくても「1日中スマホが手放せない」など、なんらかの「依存」は身近で、いつの時代も常にある問題です。

例えば「禁煙セラピー」という本は、発行から30年経った現在でも世界中で売れ続けており、累計1000万部を突破しているそうです。

なぜこんなに多くの人が悩みながらもやめられないか。ここでも原因となっているのは、ベータ・エンドルフィン。これが分泌されるから、依存していることをやめられないのです。「脳内麻薬」とも言われていることからも分かりますが、ベータ・エンドルフィンの鎮静作用は実にモルヒネの約7倍。イヤなことがあっても一時的に忘れさせてくれます。加えて幸福感までもたらすのですから、意思の力だけで依存を立ちきれないのも無理もありません。

ちなみにギャンブルやタバコだけでなく、セックスや美食からもこの「脳内麻薬」は分泌されます。いずれも依存しやすいものばかりです。

さて、こうした依存を経ち切るためには、止めるのではなく置き換えることが大切です。何に置き換えるかというと、もちろん「ねこ」に置き換えるのです。いわば快楽をもって快楽を制す、ということです。

先に「ねこを見てかわいいと思うだけ」でベータ・エンドルフィンが分泌されるとお伝えしましたが、これを利用します。ただ、依存を断ち切る場合はもう少し分泌を増やす必要があるでしょう。

結論から言えば「合わせ技」がその解決策になります。ねこが持つ様々な癒し効果を組み合わせて「気持ちよく」なり、依存に対抗するのです。

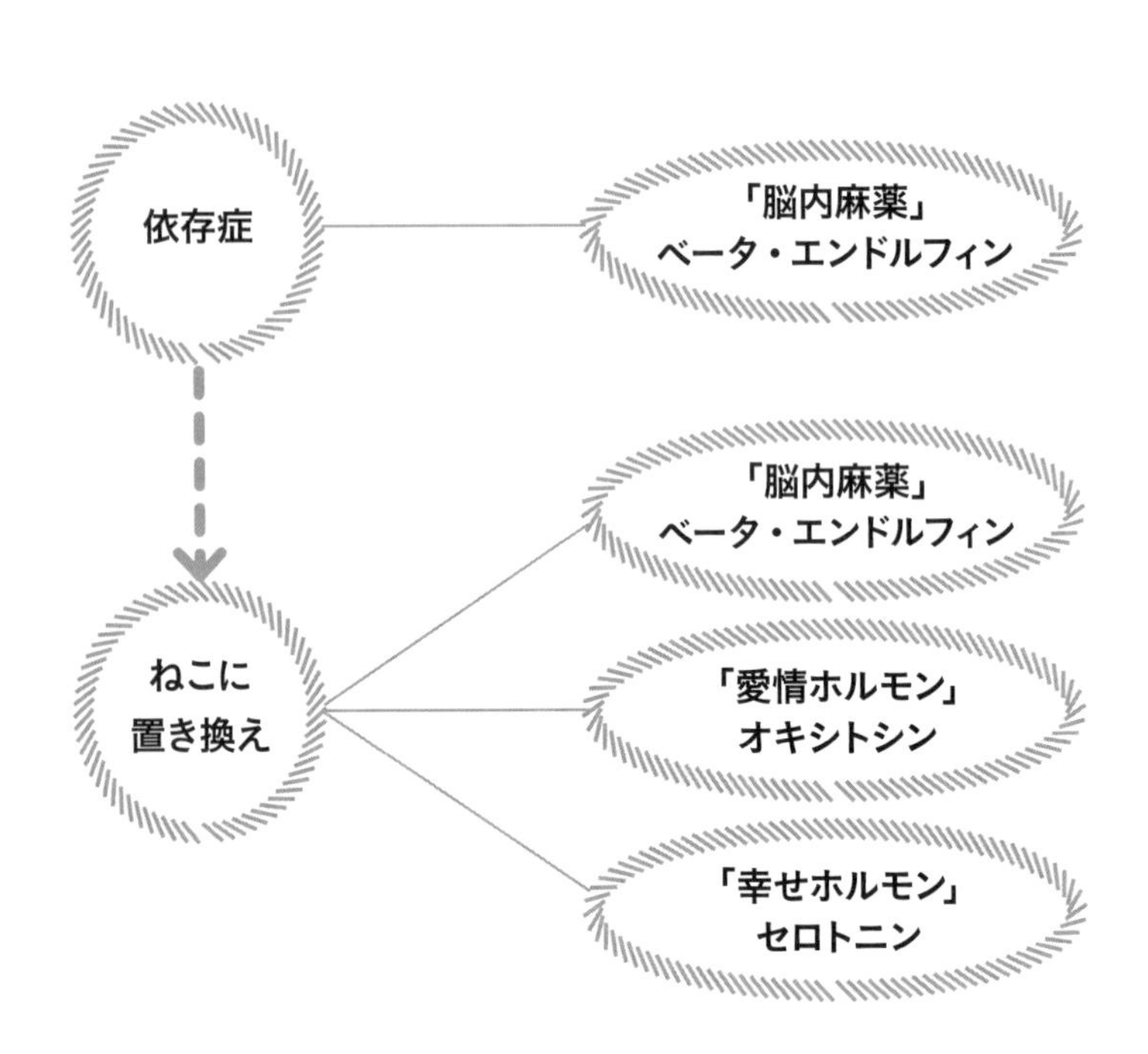

具体的には、

「ねこのそばでリラックスし、かわいいと思いながら、楽しく遊んであげて、撫でてあげ、ねこが疲れたら触れ合って一緒に寝る」。これが最適解です。

この過程で、「脳内麻薬」のベータ・エンドルフィンだけでなく、「愛情ホルモン」オキシトシンや「幸せホルモン」セロトニンまで分泌されます。

合わせ技、という言いかたをしましたが、ねこと暮らしている人なら、日常の光景でしょう。何気ない毎日が、じつは合理的な癒しになっているのですね。

もちろん事情があって家でねこと暮らせない場合でも、普通にねこと触れあう機会があれば「ねこの癒しの複合効果」は得られます。できれば家で複数のねこと暮らすのがベストですが、ねこカフェでも同様の効果は得られるのです。

先日、人気のねこカフェに行ったのですが、そこで印象的な光景を見ました。そのねこカフェに通い詰めている常連さんらしいのですが、その店の半分くらいの数のねこが、その人に乗っかっているのです。ねこを乗せるスペースをつくるため、座るというよりは寝ているに近い姿勢をキープし続けています。もはやリラックスというよりもエクササイズに近いと感じたのですが、その人の脳内では間違いなく「癒しの複合効果」が得られているに違いありません。

ある意味、一番ハマってしまうのがねこ、ということでしょう。禁煙セラピーならぬ「ねこセラピー」で、依存から抜け出すきっかけをつくってみてください。

まとめ

ねこは「脳内麻薬」「愛情ホルモン」「幸せホルモン」の全てを同時に増やす

感情は、ねこの力を借りてコントロールできる

　ねことの暮らしで、心と身体が落ちつくことを見てきました。しかしそうした受け身の効果だけでなく、ねこの力を借りて積極的に感情をコントロールすることもできるのです。

「あなたの隠れネガティブを解消する本」（三笠書房刊）の著者、心理学博士の山口まみさんは、その著書の中でこう書いています。

「自分の感情に振り回されるという人は、じつは感情ではなく、思考に振り回されているのです。なぜなら、感情には、必ずそれに先立つ思考があるからです」

　つまり、ものごとが実際にどうかは感情とあまり関係がなく、あなたがどう思考し、解釈するか次第ということなのですね。

　そして山口さんによれば、人は1日に約6万個もの思考を持つそうです。自分で自分に話しかける脳内の会話です。それがあなたの日々の感情をつくっています。そしてその内容の95％が、前日とまったく同じだと言われています。

ネガティブなことばかり考えていると、ずっとネガティブな気持ちが続いてしまうのは、こうしたしくみのせいなのです。

では具体的にどうするか。「良い感情をもたらす思考」に変えてしまえばよいのです。もちろん考えるのは、ねこのことです。ねこ好きな人は、ねこのことを考えると必ず暖かい気持ちになります。であれば、事あるごとに**悩み事やネガティブなことを考えるかわりに、ねこのことを考えましょう。**

なにかにつけ、ねこのことを考えるようにするだけで、1日の大半は暖かい感情に包まれることになります。半分くらいでもねこのことを考えるようにすれば、人は1日に6万個もの思考をもつのですから、勝手に「ねこ、ねこ、ねこ……」と3万回くらいはねこのことを考えてしまう計算です。これで感情が落ちつかないはずはありません。

近年のねこブームは、人が「癒し」を求めている側面があります。外出先でねこの動画を見ることも、流行っていると聞きます。ねこの情報に触れることで、ねこのこ

とを考え、感情がおだやかになる。そのあともしばらくねこのことを繰り返し考えるので、良い感情が続く。これもねこの癒し効果ですね。

まとめ

ねこについて考えるだけで、感情をポジティブにコントロールできる

ねこはあなたの生活を活動的にする

つい不規則な生活を送ってしまう……という人は多いと思います。

生活のリズムというのはあなどれません。食事や睡眠のリズムが乱れてしまうと、健康に直接影響が出てきます。食欲がなくなったり、免疫力が低下したり、さらには肌荒れや、抜け毛が増える、といったことも関係します。また、疲れが次の日に残ってしまい、仕事でやる気が出なかったり、後ろ向きな気持ちになってしまう、ということも起こってきます。

ねこと暮らすことでこうした悪影響を、意識せずとも避けることができるのです。

ねこがあなたの生活を活動的にしてくれる、といったら驚くでしょうか。

これが犬だと、散歩につれていったり、お風呂に入れたり、かまってあげる時間が多いので、活動的になれるのもイメージしやすいと思います。しかし実は、ねこも同じように、あなたの生活を活動的にしてくれるのです。

カナダのゲルフ大学のパーミンダー・レイナ教授が100人の高齢者を対象として日常の生活活動度を調べたところ、犬とくらしている人も、ねこと暮らしている人も、同じように活動度が高い、という意外な結果が出て驚いたそうです。

思うに、ねこはあなたに何かをよく「要求」してきます。それに慣れてくると、先取りしてあれをしてあげよう、これをしてあげよう、と自然に身体が動くようになるのでしょう。

そう考えると、私がねこ達のごはんを同時に何種類も用意し、入れたときの顔色をみながら、つぎつぎとミックスして満足してもらおうとする、という行動も理解できます。思えばそのとき私の頭はフル回転し、手先は素早く、かつ効率的に動いています。私がこうなったのも、統計に裏付けられたことだったのですね。

また、ねこと遊んであげるときの運動量は、ねこと人間では基本的に同じです。ねこは犬と違っておもちゃを追いかけはするものの、持って戻ってはこないことが多いのです。だからあなたが移動し、拾って、また投げてあげることになります。これが繰り返されるのですから、なかなかの運動量です。

このように、ねこはあなたの日常生活を活性化させ、あなたの生活に張りとリズムをもたらします。それは心のコンディションを保ち、精神を健康な状態に保つ手助けをしてくれるのです。

ねこはあなたの生活に張りを与え、心を健康に保つ

ストレス社会で幸せに生きるためのステップとは

人は苦痛に弱い生き物です。心に悩みがあれば、人生が楽しめませんし、幸福感も感じられなくなります。まずは苦痛を取り除き、そのあとで余裕が出来たら前向きなことを考えられるようになる。それが普通の人でしょう。

有名なアメリカの心理学者、アブラハム・マズローの欲求段階説では、人間の欲求は5つの段階に分かれており、順番に満たされなければ、次の意欲は湧いてこないと言います。

1 生理的な欲求（食事をしたい、ぐっすり眠りたいなど）
2 安全の欲求（脅かされず、心身共に安心して暮らしたい）
3 社会的欲求（孤独を感じたくない、自分の居場所が欲しい）
4 承認の欲求（他人からもっと認めて欲しい）
5 自己実現の欲求（自分の能力を発揮して充実感を得たい）

ここから分かるのは、幸福感は自然の流れでしか生まれない、ということです。人はまずは苦痛を取り去るのが先決で、そのあとで徐々に前向きで高度な欲求が生まれてくるもの。リストラされそうで家族を路頭に迷わせないためにどうしようというときに（安全の欲求）、自分にしかできない仕事でやりがいを得たい！（自己実現の欲求）と感じる人はいません。人はまず苦痛を取り去らなければ、幸せを感じることはできない生き物なのです。

ここに、われわれ現代人が「ねこ」に注目すべき理由があります。

なぜならこれまで見てきたように、ねこと暮らすことはあなたの心のストレスや悩み、身体の苦痛を軽減してくれるからです。しかもお金も時間も手間も、ほとんどかけることなく、です。

残念なことに、現代社会は苦痛・ストレス・悩みに満ちています。私は出版業界で仕事をしているので、売れている本のタイトルを見ていると、多くの人が何に悩んでいるのかが見えてきます。そしていつの時代も常に売れていて、何冊も出版されているのは「心の苦痛を取り除いてくれる」本です。

例えば人間関係。職場でも家でもストレスが多く、心の休まるときがないという人は多いものです。だから人間関係は不動の売れ筋テーマです。喜びの源でもあるはずの人間関係が、多くの場合苦痛の源になってしまっているのです。

苦痛を取り除かなければ幸せにはなれないのに、それができない環境に置かれてしまっている。そこに我々現代人の大きな不幸があると同時に、それを癒してくれるねこの素晴らしさもあるのです。

この章では、ねこがあなたの心と身体を癒してくれる「ねこ啓発」の効果について具体的にお伝えしました。これで、安全の欲求はある程度満たされてきます。次の章では、よりポジティブな領域に踏み込んで、ねこの好影響をお伝えしていきましょう。

まとめ

幸せの階段をのぼるために、まずはねこに癒されよう

ねこと暮らすと「自分らしさ」を取り戻せる

自分らしい生き方のヒントは、ねこに学ぼう

ねこと他の動物の大きな違いをご存知でしょうか？　それは、「ねこは家畜ではない」ということです。

家畜の定義は、「人間が利用するために繁殖させ、飼育する動物」です。牛・馬・犬・鶏などは労働をさせたり、卵をとったりと利用できます。

しかしねこは何も生産せず、労働もしません。穀物をネズミから守るために利用された時期もありますが、近年はそうした役目もありません。ありふれているので、動物園でも見ませんね。

あまり役にも立たず好き勝手に暮らしているだけなのに、なぜか人間と1万年もいい関係が続いているのがねこ。このような動物は他に存在しません。

なぜ誰にも仕えず、自由気ままに生きながらも人に好かれ、関係を維持することができるのか？

ねこの生き方には、あなたが自分らしく生きるために役立つヒントが隠されていま

す。

対人関係や社会と上手くやっていきたいが、自分を大切にしたいし、自由にも生きたい。この章では、そうした欲求を実現してきたねこの生き方に学びつつ、あなたが得られる「ねこ啓発」の効果について見ていきましょう。

全米が驚いた、ねこの捨て身の恩返し

ねこというと、「冷淡」なイメージを持っている人が少なくありません。例えば「犬は人につくが、ねこは家につく」といった言葉があります。ねこは人が好きなのではなく、たまたまごはんをもらえる場所にいるだけ、というような意味でしょう。なんとなくこうしたイメージを受け入れてしまっている人も多いのではないでしょうか。

しかし実は、ねこはとても情に厚いのです。

アメリカのＡＢＣニュースで放送され、Youtubeで３００万回以上再生されている

動画があります。

「Cat Saves Little Boy From Being Attacked by Neighbor's Dog」

https://goo.gl/8OB9kB（YouTube 動画へのリンク）

この動画は、家の前で犬に襲われた少年が飼いねこに救われた一部始終を、防犯カメラがとらえたものです。ねこが自分よりも大きな犬に対し、捨て身の体当たりで激しくぶつかっていく姿、犬が退散するのを追いかけ安全を確認するや否や、すかさず少年を守りに戻ってくる姿が記録されています。この動画をみれば、ねこの情の厚さとその勇気が伝わってきます。

さてこの動画、ＴＶニュースになるくらいですから、珍しい出来事として捉えられたのだと思います。この動画をみて、ねこがこんな風に人を守るのを初めて見た、という人も多かったようです。

しかし何十匹もねこを育ててきた私には、それほど違和感はありませんでした。というのも、ねこは人間と同じで、様々な性格の持ち主がいる、と知っていたからです。人間にも親分肌で「身内はオレが守る！」というタイプがいますが、それと同じです。

わが家には「ココたろう」という白黒の雄ねこがいるのですが、この子がまさに親分タイプ。普通雄ねこは子育てをせず、ましてや血が繋がっていない歳の離れた子ね

この面倒を見たりはしないのですが、ココたろうの場合は違います。子ねこの顔を舐めて毛繕いをし、寝る時も一緒。遊びの相手もし、ごはんのとき割り込まれても譲ってあげます。あまりに面倒見がよいので、彼のあとから来た3匹の保護ねこたちは皆、ココたろうを親ねこだと思っている節があり、こちらが少し寂しい思いをするほどです。もしココたろうなら、間違いなく身内のねこを守るために戦うでしょう。

そこまでいかなくとも、子ねこが兄弟を守ろうとするしぐさなども、見かけることが多いものです。そういう経験があったので、先のＡＢＣニュースの動画をみても、さほど違和感を感じなかったのです。

とはいえ、親分肌のねこというのは、親分肌の人間と同じくらいの割合でしかいないのでは？とも感じています。だから、ねこなら必ず誰かを守るということは、人間と同様に無いでしょう。結局は信頼関係の有無が大切で、守りたいほど大切な相手でないかぎり、身をとして戦うということが無いのはねこも同じです。

いざというとき、守ってくれるほどの信頼関係。ねことも人とも、築きたいものですね。

まとめ ねこは実は、義理人情に厚い

ねこがあなたを、より愛情深い人にする理由とは？

ねこの写真を見ていると、優しい気持ちになる。
そしてねこと暮らしていると、以前よりも愛情深い自分に気づく。

こんな経験を多くの人がしていることでしょう。しかしなんとなく分かってはいるものの、なぜかを明確には知らない人が多いのではないでしょうか？
そのメカニズムを理解していれば、ねことの暮らしをより意図的に、自分を向上させるために活用することができます。また、周りの人にもねこの素晴らしさを伝えやすくなります。ねこ好きとしては、ここは押さえておきたい知識ですね。

なぜねこと暮らすと愛情深くなるのか。その理由は、ねこへの愛情を「動機」として行動するからです。ここで大切なのは何をしたかではなく、その背後にある動機です。外側から見たときに同じ事をしていても、動機が違うなら、あなたへの影響も逆になります。愛情を動機に行動していればそれが強化され、恐怖にしたがって行動す

DoggyMan

れば、やはりそれが強化されるのです。

このことを「自己創造の原則」といいます。この法則を提唱したのは、アメリカの臨床心理学者ジョージ・ウェインバーグです。その著書にはこう書かれています。「行動を起こすたびに、その行動の裏にある動機となる感情、姿勢、信念を強化している」（「自己創造の原則」三笠書房刊・加藤諦三訳）。シンプルですがとても深いですね。

さて、ねこと暮らしている人は単に「ねこが好きだから」暮らしています。あるいは、野良ねこを可愛がる人も、単に「ねこが好きだから」可愛がっています。そこに打算はありません。ここが決定的に大切です。動機が愛情だからこそ、より愛情深い人間に変わっていけるのです。

だからもし、あなたが誰かに嫌われることを恐れて、ねこのために何かをするなら、それはやらない方が良いでしょう。ますますその「誰か」に嫌われるのが怖くなるだけです。例えばこんなケースはめったに無いと思いますが、会社の上司のご機嫌をとるためにねこを飼う、というようなことです。こういうことをしてしまうと、世話をするたびに元々あった動機が強化されてしまいます。ますます人に嫌われるのが怖くなり、自分は媚びなければ価値が無い人間だ……という動機も強化されてしまうのです。

このようなことの無いよう、つねに動機に注意したいものです。

ここで話を戻しましょう。自己創造の原則をふまえると、あなたがねこのためになにかをすればするほど、あなたは愛情深い人間になります。そして同時に、ねこのことが以前よりももっと大切に感じられるようになります。そうなると、ますますねこのために行動するようになる。いわば「あなたを愛情深くする行動の連鎖」が起こるのですね。

そしてねこの場合「何かをする」というのは、良い意味で強制的に、かつ大量に起こります。ここが、他のケースとちょっと違うところです。犬なら拒否されれば諦めますし、人間の子どもでもいずれ聞き分けが良くなるでしょう。

しかしねこは違います。あなたが忙しそうだから「ちょっと遠慮するか」などということは無いのです。諦めずいつまでも要求してきます。ねこは単独で狩りをする動物で、群れの中で折り合いをつける必要がなく、服従や妥協といった社会性はあまり発達していないからです。

私の場合ですと、仕事から疲れてかえってきてほっと一息つきたいと思うと、ねこが玄関で待ちかまえています。まず「遅かった！」と怒られます。なので「ごめんね、ごめんね」と謝りつつ、満足してもらえるまでコミュニケーションを取ります。

そのあとはごはんを催促されるので、それぞれのねこの好みに合わせて、いく通りもの組み合わせで（7匹いますので）ごはんをいれます。そうこうするうち、遊びをねだられます。このように、半強制的に大量行動をする日々です。

単にねこが好きだからねこと暮らす。単純極まりないことですが、実に素晴らしいことですね。

まとめ

行動は動機となった感情を強化し、あなたはより愛情深い人間になる

子ねこに学んだ、本当の独立心

昔、私がまだねこと暮らしはじめて間もないころの話です。親ねことはぐれ、ろくに食べ物も無かったせいか、やせこけています。きっとひもじかったのでしょう、口の中には砂まで入っていました。わが家には先住ねこがいたのですが、2匹目のねことして迎え入れることを決めました。哺乳瓶でミルクを飲ませ、おもちゃであそび、トイレの始末をする日々。快適な環境になり、ちぃちぃも満足そうです。

「ちぃちぃ」という名の茶白の子ねこを保護しました。

そんなある日、彼が窓の障子をやぶいて外を眺めているのを見つけました。私はその頃の自分の常識で、「こらっ」と軽くしかりつつ、障子から引き離そうとしました。すると「う゛〜〜〜」と低くうなり声を上げ、こちらを威嚇してきたのです。

生存の全てを依存している非力な存在にも関わらず、この自尊心。驚くのを通り越して、感心してしまったのを覚えています。

これが人間ならどういうことか。サラリーマンに例えると、窓の外を見ている時に社長から手を引かれても、「今この時間は自分にとって大切なんだ！」と主張する平社員と同じです。

ねこは単独狩猟で社会を形成せず、自らの力に頼って生きます。本当に自分の力に頼るとは、このような気概を生むもの。自分を大切にすることにかけては、ねこの右に出るものはありません。どれだけ剛胆で、かつ自分を大切にする人でも、普通の子ねこにすらかなわないのです。

ねこに学ぶ素晴らしさは、ただの知識ではなく、経験と感情を伴うことです。全く無力な子ねこの弱々しさと、自尊心の強さとの対比。生存の全てを依存し慕っているあなたに対してすら、一切妥協しない姿勢。これらを目の当たりにして得た学びは、深くあなたの中に刻まれます。あなたが難しい決断をしなければならないとき、恐怖にひるんでしまいそうなとき、その記憶があなたを励ましてくれます。「あの幼いねこのように、自分もがんばろう」と自分自身を励ませるのです。

ちなみにこの本を書いている現在、ちぃちぃは16歳。人間で言えば80歳近い高齢です。

でも相変わらず毎日、強気の要求をしてきます。撫でないと怒り、寝る場所がないとうなり、ごはんが気に入らないと食べません。子ども時代から今に到るまで、一貫してブレないその強さに、感心する日々です。

まとめ

ねこからの学びは、経験と感情をともなって深く刻まれる

自分を偽ってまで好かれようとしてはいけない

自分に自信がないと、つい他人の評価が気になります。そこで評価されたい、好かれたいと思うと、どうしても背伸びをしたり虚勢を張ってみたくなるもの。

しかし残念ながら、その努力は裏目に出ます。自分を大きく見せようとすればするほど、逆に自信を失ってしまうという悪循環が起こるのです。

なぜならそのような行動によって「ありのままの自分では評価されない、好かれない」という動機が強化されてしまうから。背後にある動機は常に強化される、これが先にお伝えした「自己創造の原則」です。

世間から尊敬され、関係各位からすごく高い評価を受けていながら、うつになってしまったり、ときには自殺してしまう人までいるのは、こうした理由からです。最近はＳＮＳなどで手軽に自分を飾って見せることができてしまいますから、その分手軽に自信を失う危険も多いと言えるでしょう。飾らない自分はとても見せられない、などと感じはじめる前に、もっと多くの人に注意を促すべきだと思います。

さて、人間にはこのような注意が必要ですが、ねこは昔も今も、こうした問題とは全く無縁です。人間に好かれたくて神経をすり減らしてうつになったねこは、１万年の歴史上、ただの１匹もいないでしょう。もちろん、ねこには気の強いのも、弱いのもいます。しかし、たとえどんなに小心者のねこでも、決して自分を偽ってまで好かれようとはしません。

ちなみにわが家で一番気が小さいのは「松千代」という茶トラの子です。

７匹の中ではけっこう年長にもかかわらず、廊下で年下のねこに追いかけられ、逃

げ出す光景もしばしば。しかしそんな松千代でも、私に対してはしっかり自己主張します。撫ですぎれば軽く噛んで警告しますし、それでも止めなければねこキックも加えてきます。逆にあまりかまわないでいると、大声で不満を表明してくるのです。

ねこは毎日、ありのままに振る舞います。それでいて嫌われることなど一切気にしませんし、実際嫌われることもありません。それはあなたが同じように、ありのままに振る舞っても許される、という証拠なのです。

頭だけで分かっていても、つい迎合してしまいますが、ねこに毎日手本を繰り返し示されれば、心の底から納得できます。そうなれば行動が変わります。

身近にねこがいて、その立ち居振る舞いを目の当たりにすることは、あなたの心を徐々に強くしてくれます。「自分自身を偽らず、素直に感じるままに表現しても、自分は世界から許されるのだ」というメッセージを、あなたは繰り返し潜在意識に送り込むことになるからです。

いままではどうしても断れなかった誘いも、イヤならば「ＮＯ！」といえるようになります。不本意ながら我慢していた人の言動も「それは不愉快だから止めてくれ」

と言えますし、それで止めてくれなければ、自分から距離を置けるようになります。

かくいう私も、かつては人の評価がとても気になり、周囲に迎合しやすいタイプだったのですが、ねこと暮らすようになって変わりました。断ったり、さっと身を引いたりすることができるようになり、無用なストレスも減りました。その分、本当に気の合う人たちが周りに増え、エネルギーを前向きなことに使えるようになり……という好循環です。思えばサラリーマン生活から身を引いて起業したのも、こうした選択の積み重ねの自然な結果でした。ねこの影響の大きさに、今さらながらつくづく感心します。

「ねこっぽい性格」という表現があります。賞賛の言葉として使われるのはまれですが、ねこはそんなことは気にしないでしょう。だれがどのように思おうが、それはその人の勝手。自分は自分です。

「見る人の心ごころにまかせおきて　高嶺に澄める秋の夜の月」という歌を好んだのは新渡戸稲造ですが、全てのねこはそのような境地にいることを羨みつつ、自分もそのようになりたいものだと思う今日この頃です。

ありのままでいても大丈夫、とねこは教えてくれる

自慢したい病、に効くクスリ

先に、自分を大きく見せようとすればするほど、逆に自信を失ってしまう、というお話をしました。なぜならそのような行動によって背景にある動機が強化され、「ありのままの自分では評価されない、好かれない」という動機が強化されてしまうからです。こういうことは、経験則でなんとなく分かっている人もいるものです。だから自慢話が多い人は、相手からひそかに「そんなに自慢するのは、心の底で自信が無いからでは」などと見透かされていることも多いのです。

自信を失い、相手の評価も下がる。自慢は百害あって一利なしです。

とはいえ、だれしも自分の長所をひけらかしたくなったり、話題を自分の得意分野に持っていこうとしたり、話をつい「盛って」しまった経験もあると思います。こんなときは、どうすればよいのでしょうか？

そういうときは、ねこの「外柔内剛」を考えてみてください。


ねこというと、連想される言葉として「かわいい・やわらかい・あたたかい」というイメージが多いと思います。子ねこの追いかけっこやねこパンチ、取っ組み合ってのねこキックなどを見ると、微笑ましく感じますね。

しかし、彼らは生まれながらのハンターです。子ねこの遊びはすべて戦闘のシュミレーション。先の遊びも「獲物を追いかけ、爪でダメージを与え、組み付いて仕留めるトレーニング」なのです。

また、ねこはトイレのしつけが必要ないので、手がかからなくてよいと言われます。よちよち歩きの幼い子ねこでも、誰からも教わらなくてもトイレでは自分で穴を掘って埋めます。私も「なんてお利口さんなんだ」とのんきに喜び、子ねこを褒めます。

しかしその行動の意味するところは、周囲に存在を気取られないために自分のニオイを消す、というハンターとしての習性です。ライバルや獲物から存在を隠し、影から忍び寄るための準備なのですね。

さらには、ねこは人間と比べて小さいのでそれほど強く見えませんが、実は戦えば普通の人間ではまず勝てません。かつて極真空手を創始した大山倍達氏が、「人間は日本刀をもって初めてねこと対等に戦える」と語った逸話があるほどです。

たしかに動物園などでライオンやトラを見ていると、しぐさが自分のねこと全く同じなことに気づきます。見慣れたねこの可愛い爪や牙が、そのまま百獣の王の武器そのものであることにがく然とします。そんな日は、ちょっと多めにごはんをあげてしまいます。

まとめ

能あるねこも爪を隠す

このように、ねこはまさに外柔内剛。強いのにそれを全くひけらかさないどころか、むしろ逆の柔らかくあたたかい印象を与えることに成功しているのです。これは人間に置き換えて考えると、まさに「能ある鷹は爪を隠す」を地で行く、奥ゆかしい人物でしょう。もしこういう人がいたなら人格者として尊敬してしまうレベルです。

そう考え、自らを省みれば、自慢したい気持ちも解消するに違いありません。

断っても嫌われないバランス感覚はねこに学べ

日本人は「空気を読む」という言葉を良く使います。コミュニケーションが円滑になるという良い面もありますが、逆の悪い面もあります。必要以上に空気を読んでしまい自分を抑えてしまう。本当は迷惑なのに、相手の気持ちを察して断われない、などです。

上下関係やしがらみもありますから、ある程度は致し方ないことでしょう。しかし我慢が積み重なり、慢性的にストレスを感じるような状態は避けたいもの。うまくバランスをとるには、どうすれば良いのでしょうか？

そうした問題を解決する考え方に「アサーティブネス」というものがあります。平たく言えば「我慢せず、押し付けもせず、相手も自分も尊重するコミュニケーション術」です。ビジネス書やコミュニケーションの本で紹介されることも多いです。

その方法としては、主語に「私は」とつけて自己主張したり、相手が聞かなくても同じ主張を繰り返したり、相手の話を受け流す、などがあります。

ただ、これは一種の技術なので、繰り返し練習する必要がありますし、今まで身に付いたコミュニケーションのスタイルを急に変えるのは難しい人もいるでしょう。また、急に自己主張し出すのでは、周囲との摩擦も起きるかもしれません。

そこで、私はねこからアサーティブネスを学ぶことをおすすめします。

ねこは主張を通しながら関係を維持する達人です。生まれたばかりのふわふわした毛糸玉のような子ねこといえど、そのバランス感覚は抜群。

子ねこが自分から甘えたくて「みぃ〜」と鳴きながらあなたに寄ってきたとしましょう。撫でてもらって満足げな表情を浮かべるでしょう。しかし満足すると「もういいよ」と実にアッサリ去っていくものです。もしそれでもなで続けようとすると「ちょっとしつこいよ」とばかりに怒り、手を甘噛みすることも珍しくありません。ねこには「頼んだのは自分だからちょっと我慢しようか」といった人間にありがちな気疲れはゼロなのです。

さらりと受け流すのも上手です。

ねこを可愛がりたくて近づくと、スルッと腕の間を通り抜けていくこともしばしば。

それでいて悪い印象は全く残りません。

これらは全て、アサーティブネスが求める要素そのもの。ねこは毎日そこにいて、お手本を繰り返し体感させてくれるのです。

まとめ

ねこと暮らすと、相手も自分も尊重できるようになる

自己主張を教わるなら、ねこが最高の教師

あなたは、自分のためになにかを強く要求するのが得意でしょうか？

一般的には、日本人はそれが苦手だと言われています。謙譲の美徳や遠慮が好ましい、という文化も多いに関係しているでしょう。

しかし世界に目を転じると、それは美徳ではなくただの弱気、と受け止められてしまうことも多いものです。クリック1つで地球の裏側とでも一瞬でコミュニケーション

がとれる現在、損をしたり誤解されたり、あるいは低い評価をされないためには、どうしたら良いのでしょうか？

そんなとき、ねこの自己主張の強さが、お手本になります。単独狩猟動物であるねこは、自分がなにかアクションを起こさなければ、世界が自分になにも与えてくれないことを心の底から理解しています。だからどんなに控えめなねこでも、自分から動き、求めます。ねこと暮らしていれば、その自己主張を目の当たりにすることになるでしょう。

わが家には「きじたろう」という、穏やかな性格のねこがいます。日頃はのんびりしており、ちょっと間が抜けているのではないかと思うほどですが、食べ物のことになると性格が変わります。生後約1カ月で保護してから数年後の今にいたるまで、毎日何度もごはんの催促をします。

毎回とてもしつこく、あげるまでついてきて足下で催促します。他のねこがごはんを催促しているときは、自分もあやかろうとそばで目を光らせています。そういうときは、実に抜け目ない表情をしています。

また、その催促の鳴き声がとても可愛い。明らかに自分の魅力を理解していて、それを自分のために活用しているのが分かります。

ついついごはんを何度もあげたくなるので、カロリーオフのキャットフードが欠かせません。

日頃ののんびりした性格なだけに、望むものを勝ち取るまで諦めない自己主張、利用できる機会はすべて活かそうとする姿勢は印象に残ります。人間も、日頃は謙虚でも良いですが、主張すべきところはしっかり主張すべき、と教えてくれているかのようです。

さて、自己主張して相手に行動させることは、あなたの評価をも高めます。あなたがねこのように自己主張すればするほど、相手はあなたを重要な人物であると考えるようになるのです。

なぜなら「人は何かをしてあげた相手を、以前よりも高く評価する」という心の働きがあるからです。

これは人間の脳の認知不協和というしくみによるものです。脳は起こっていることと、自分の感覚を一致させたがります。だから相手はあなたに何かをしてあげたなら、それはあなたにその価値があるからだ、と思い込もうとするのです。
この認知不協和はもちろん、あなたが逆の立場になっても起こることなので、印象操作されないよう気をつけたいものです。

とはいえ、ねこのように自己主張が強く、かつ魅力的な存在と暮らしていれば、心理操作への耐性は自然と身につきます。
ねこがしつこいとき、「自己主張の勉強をさせてもらって有り難い」「今、奉仕させようとする人への耐性が身に付いている」と感じられるようになったらしめたもの。あなたはどこでも堂々と自己主張ができる人になっているでしょう。

まとめ

ねこ流の自己主張で、周囲の評価までアップする

「ボスねこ」と「会社のボス」の共通点とは？

ねこは強い自尊心の持ち主ですが、とくにそれが強いのがいわゆる「ボスねこ」です。地域ねこのなかでリーダー的存在であり、なわばりを我が物顔に歩いているのを見かけた人も多いと思います。

ボスねこをボスねこたらしめているのは、ケンカっぱやさとその強さ。そこには「男性ホルモン」の代名詞として知られるテストステロンが影響しています。そう、ねこにも人にも、同じようにテストステロンは分泌されるのです。身体の面では筋肉を増やし脂肪を減らし、精神面ではやる気を促して闘争本能を高める、といった働きも同じです。他にも苦痛に対して強くなり、より快楽を求めるようになるなど、まさにボスねこに求められる要素は、テストステロンによってもたらされていると言えるでしょう。

さて、人間の場合でも事情は同じです。

過去に、経営者と筋トレの関係を指摘した本がベストセラーになったことがありました。ビジネスで高いパフォーマンスを発揮する経営者やビジネスパーソンには、負荷の強いスポーツの習慣を持つ人が少なくありません。負荷の強い運動でテストステロンが分泌されるからです。企業経営も一種の闘争であり、ストレスとの戦いですから、テストステロンのもたらす「苦痛に強くなり、やる気が湧いてくる」効果が大切。ねこも人も、戦う立場なら同じホルモンの影響をうけている、というのは面白いですね。

さてそう考えると、ボスねこ並の自尊心を身につけ、闘争心の強い経営者並のメンタルを身につけたい人は、負荷の強いトレーニングを行い、テストステロンを分泌させましょう、ということになります。

そこまで行かなくとも、カラダを動かせば、気分も爽快になるのは誰もが経験していることです。また昔から「健全な魂は健全な肉体にやどる」とは良く言われています。そういう意味でも、適度な運動の習慣は身につけておきたいものですね。

近年「ビジネスパーソンに特化した健康本」がブームになり、その後1つのジャンルとして定着しましたが、それも頷けます。心と身体は別のものではなく、脳も身体の一部。高いビジネスのパフォーマンスを発揮するためには、良いコンディションの身体が支えになるのです。

なお蛇足ながら、悲しいかな人間がハードトレーニングしても、ねこが元々持っている身体能力の高さには到底かないません。

ねこの身体能力は高く、最高スピードは時速約50㎞。１００ｍ走なら7秒台のスピードです。垂直にも高く飛び上がり約２ｍ、身長の5倍にも届きます。人間の6分の1の明るさでも物が見えますし、耳は人間が聞き取れない高い周波数の音も聞き分けます。バランス感覚も良く、どんな体勢からでも見事な着地を見せてくれます。

こうした身体能力の高さが、ねこの並外れた自尊心の強さにもつながっているのでしょう。

まとめ

ねこも人も、健全な魂は健全な肉体にやどる

ねこはあなたの隠れた人格を引き出す

会社でも家でも怖い人なのに、ねこに接するとたんに相好を崩して優しい人に変わる……。そういう主人公の映画がありました。ギャップのある人物設定も、ねこならば「なるほど」と思わされますね。かくいう私も、仕事中は堅い印象を与えていますが、ねこに接するとかなり違うモードに入ってしまいます。ねこには人の人格を「切り替える」効果があると感じます。

実は人間は、生活のいろいろな場面で、人格を切り替えて生きています。例えば、会社で仕事をしているときのあなたと、家に帰ってくつろいでいるときのあなたは別の人格です。二カ国語を話せる人であれば、例えば日本語を話しているときと、英語を話しているときのあなたは別の人格なのです。

多摩大学大学院教授の田坂広志さんによれば、人は本来多重人格である、といいます。人間は人格を切り替えて生きており、そのことで精神のバランスを取っている。だから切り替えが滞ると、問題がおこってくるのです。

例えば、家庭でも会社モードが抜けずに、そのテンションのまま家族と接してしまうケース。こうなると家族との関係にも悪影響がありますが、なにより本人自身に良くありません。１つの人格で会社でも家庭でも過ごすのでは、筋肉疲労のように心がこわばってしまいます。先に挙げた映画は、まさにそうした主人公がねこのおかげで癒される、というストーリーでした。

私は仕事がら、ネットで本のレビューを見ることも多いのですが、過度に攻撃的なコメントを書いている人を見かけます。このような人は、むしろ普段は、抑圧されたおとなしい性格なのかもしれません。匿名だからやるというよりも、無意識に心のバランスを取ろうとして日頃の反動が出ている、と感じています。

このように、心がこわばってしまいそうなときこそ、ねこと暮らすことをお勧めします。

なにも難しいことを考える必要はありません。ねこはそもそも可愛いので、ポジテ

ィブな感情である愛情を感じやすい。そしてそれを素直に表現しやすい。ねこを可愛がることは、自分の愛情深い面を常に思い出させてくれます。

家の外での人格と、家の中での人格の切り替えができることで、精神全体のバランスもとれます。結果、自分や周囲と上手くつき合っていくことができるでしょう。

そういう意味で「ねこが好きな人に悪い人はいない」という言葉は、一面の真実を示していると思います。

ちなみに先の映画で主演を努めた俳優さんは、撮影終了後は共演した子ねこを自宅に連れ帰り、本当に家族としていっしょに暮らしているそうです。ねこの素晴らしさはフィクションではなくリアル。そのことが伝わってくるエピソードですね。

まとめ

たまには「ネコナデ」声を出して、人格のバランスをとろう

ねこは夫婦関係をよりよいものにする

よく「恋愛の賞味期限は3年」などと言われます。たしかに熱く燃え上がった関係が10年同じ感覚のまま続いている、という話はあまり聞きません。逆に3年経ったら醒めたとか、別れたという話ならどこにでもあるでしょう。

これは根拠のある話で、脳内のしくみが関わっています。人が恋に陥いるのは、俗に恋愛ホルモンとも呼ばれる神経伝達物質、フェニルエチルアミンの働きです。

恋をすると脳内にフェニルエチルアミンがつくられます。それが高揚感や多幸感をもたらしたり、ドキドキ感をもたらすドーパミンの分泌を促します。そしてなぜ恋愛の賞味期限が3年かといえば、フェニルエチルアミンの分泌が長くても3年が限度だからです。

さて、そのような脳のしくみを知っていようといまいと、結婚生活には必ず倦怠期が訪れます。なにしろ日本の離婚率は3組に1組です。倦怠期になると、まず会話が少なくなります。徐々に好意がうすれ、考え方の違いが気になり、それが嫌悪感につながり、エスカレートすると別れる、という悪循環になります。

そうならないための予防策として、ねこと暮らすことは大変効果的です。なぜなら、ねこと暮らすことは、共通の話題ができてコミュニケーションが増え、相手の愛情深い面を繰り返し見ることにつながるからです。

ねこと暮らしていれば、自然と夫婦間で共通の話題が増えます。ねこの食事のこと、ねこの健康のこと、ねこがしでかしたイタズラのこと……挙げればきりが無いくらい、ねこは話題を提供してくれます。その会話は朝でも晩でも、家庭内でも、外出先でも、時と場所を問いません。夫婦の会話が少ないなどというのは、ねこと暮らしている限り縁遠いことです。

そして素晴らしいのは、その会話の多くが「ねこに対する関心と愛情の共有」に自然となっていることです。つまりパートナーの愛情深い面を繰り返し見て、聞いて、感じることになります。そこに、人は接触機会が増えると相手への好意が増える、という心理学的効果が加わります。

こうした時間と感情の共有を積み重ねて、一時的な脳内ホルモン効果ではなく、相

手への尊敬と信頼の感情が育ちます。それが夫婦関係を真に安定した、愛情深いものに変えて行くのです。

妻の友人で、「最近会話が少ない」というご夫婦がいました。夫婦仲はうまくいっていたのですが、先住ねこを亡くしたことを期に、会話が減ってしまっていたそうです。ねこは大切なコミュニケーションの要だったのですね。

その後、わが家で保護したねこ２匹の里親さんになってもらったところ、夫婦間のコミュニケーションも再び活性化。それだけでなく、ねことのよりよい生活のためにと戸建て住宅を購入し、ねこの移動に必要だろうと車まで買われたのには驚きました。ねこをお渡ししてからこの間、わずか数カ月です。まさにねこが、夫婦の人生に新たな活力をもたらす好例だと思います。

さて、昔から「子はかすがい」といわれるように、人間の子供であってもねこと同様の素晴らしい好影響があるものです。

しかし育児は精神的、経済的負担が非常に大きいもの。そのストレスが逆に夫婦関係に亀裂を有むことがあり得ます。

いっぽう、ねこはそのような負担が非常に少ないです。教育費の負担の重さにたじろぐこともなければ、ママ友との義理のおつきあいに心悩ませる必要もありません。犬と比べても、散歩も必要ありません。ただごはんを1日数回器に入れてあげて、1日1回トイレを掃除するだけです。

こう表現してしまうのは賛否両論あると思いますが、ねことの暮らしは圧倒的に「費用対効果」が高いのです。もちろん、子育てとねことの暮らしは両立しますから、両方とり入れるのもおすすめです。

夫婦関係を安定させ、よりよいものにするためにねこと暮らす。真剣に考えるに値する選択肢だと思いますが、いかがでしょうか？

まとめ

「ねこ」と子は夫婦のかすがい

ねこの子どもへの好影響と悪影響!?

動物と暮らすことは、子どもに好影響を与えます。知的な面でも、情緒的な面でもです。

カンザス州立大学のロバート・ポレスキー教授の研究で、乳幼児の知的発達によい影響を与えることが実証されています。動物のいる家庭では、認知力や社会性において発達が早かったそうです。その後の別の研究では、幼少期の認知力の発達だけではなく、知能指数の向上にも役立つことも確認されています。

また、子どもが健全な自己イメージを持つための助けにもなります。周囲から受け入れられ、認められるといった肯定的なメッセージを、動物は子どもに与えてくれるからです。

さらには、動物を育てた経験がある子どもは、他人の気持ちを思いやり、配慮する能力が高いというデータもあります。過去日本とオーストラリアで行った調査では、動物に親しんでいる子どもほど、周囲に配慮してリーダーシップを発揮することができる、という結果が出ています。

他にも、動物の生死を通して命の大切さを学んだり、世話をすることで責任感を培ったり、というような好影響も期待できます。

このように良い事づくめのように思える子どもと動物との暮らしですが、ねこに関して言うと、残念ながらネガティブなイメージがあるようです。それは、「妊婦に悪影響があり、障がいをもった子どもが生まれるかもしれない」というもの。

ここはお子さんのためにもねこのためにも、正確に把握しておきましょう。

問題視されているのは、トキソプラズマという原虫です。土の中や生肉、そして豚・鳥・猫などのフンの中に存在することがあります。そして人が妊娠中に初感染すると、低い確率ながら胎児の脳の発育に影響する可能性がある、とされています。この部分だけ見ると、確かに子どもの事を考えて、不安に陥る人もいるでしょう。

しかし結論からいえば、現実にそのようなリスクはほぼ無いといって良いでしょう。まず理由の1つ目は、トキソプラズマは、世界人口の3分の1がすでに感染しているると推測されていること。数十億人もの人が気付かないうちに感染し、いつのまにか治っています。トキソプラズマ症は自覚症状が無いことが多く、症状が出た場合でも熱っぽくなったり疲労感が出る程度で1カ月以内に治ることがほとんど。
つまり多くの人は、妊娠中の「初感染」をしようと思ってもできないのです。産婦人科で検査すれば、過去感染していたかどうかを調べることができます。もし過去に感染経験があったなら、もう子どもへのリスクはゼロです。

なぜこんなに多くの人がかかってしまっているかというと、全ての食肉が感染源になりうるといっても過言ではないからです。ほぼ全ての哺乳類や鳥類はトキソプラズマに感染する可能性があり、あまり火を通さないで肉を食べたことのある人は、全員が感染の可能性があります。そしていつのまにか感染し、知らないうちに直っているのです。

理由の2つ目は、ねこ経由でトキソプラズマに感染する可能性を、具体的に想定してみれば分かります。
「妊娠中に、ねこが最初にトキソプラズマに感染した時から数週間以内のフンを、トイレ掃除せず数日間放置した後で、それがあなたの口の中に入った場合に、1%の可能性でトキソプラズマが含まれていることがある」。このようなケースが自分に起こると思えるかどうか、でしょう。

言い換えるなら、ねこが過去に感染して1カ月以上経っているならもうリスクはありませんし、トイレは毎日掃除するものですからフンは残りません。そのあとあなたが手を洗わずに指を口にいれたり、食べ物をつかんで食事するのでなければ接触することもありません。これらの条件のどれか一つでもクリアできるのなら、もうリスクは無いのです。

さらに念を押すならば、妊婦さんは猫のトイレ掃除はしないで、ご家族や旦那様に任せましょう。どうしても妊婦さんがトイレ掃除をしなければいけない時でも、使い捨てのマスクや手袋を使えば、万全と言えるでしょう。

いかがでしょうか？　一番問題なのは「知らないこと」そのものです。人は知らないものは警戒するように出来ていますし、必要以上の過剰反応もしてしまいます。だから本当のところを知り、あなた自身で考えて判断しましょう。確かな子どもへの好影響と、不確かなデメリットを比較するための、ご参考になればと思います。

まとめ

ねこと暮らす子どものメリットは大きく、リスクは確実に回避できる

ねこのようにケンカし、強く優しい人になれ

野良ねこはよくなわばり争いでケンカします。その声を聞いたことのある人は多いでしょう。だから日頃ねこと接点がない人はそうしたイメージが強調され、ねこは好戦的、というイメージを持つ人もいるかもしれません。

しかし家でねこを多頭飼いしているとわかるのですが、ねこは大変自制心が強く、間違ったケンカ、無駄なケンカはしない生き物です。

わが家では過去多くの子ねこを育ててきましたが、例外なく、ねこは目下にはケンカを売りません。逆にやんちゃな若ねこが、目上のねこに挑むことは多いです。しかし挑まれた場合でも、目上のねこは応戦はしますが、相手が引いたらそれ以上は決して追い込みません。その余裕というか大人の対応にはいつも感心します。

例えばわが家の白黒の雄ねこ、ココたろう。若いねこに、甘えの延長線上でよく飛びかかられたりしているのですが、堂々たる横綱相撲です。貫録を見せて相手の攻撃を受けてやり、必要な分だけ適切に反撃します。若い子が「かなわない」とひるむと、

どれだけ激しく戦っていたとしても必ず引いてあげます。戦っている最中ですら、周囲を見回す余裕があります。

こうしたことができるのは、敵意や攻撃性をコントロールできているからです。彼らにとって遊びの全ては狩りのシュミレーションであり、戦い慣れているからこそ、精神的な余裕があるのです。

人間でも同じだと思います。例えば格闘技というと好戦的で野蛮、というイメージを持つ人がいますが、実際は逆です。道場やジムでは自分より強い人が大勢いるのが普通で、好戦的なばかりでもいられません。逆に耐えることを学ばざるを得ませんし、打たれる痛さも分かり、コントロールができるようにもなります。かくして強くなったころには、人格者になっている人が結構多いものです。

逆に、攻撃性というと毛嫌いしている人の方が危ないと感じます。慣れていない分加減が分からず、やり過ぎてしまう可能性が高いからです。抑圧された攻撃性が、なにかのきっかけに噴出してしまうこともあるでしょう。普段おとなしいのに車に乗ると性格が変わるという人がいますが、それなども抑圧した攻撃性が出てきてしまうからです。よく犯罪があるとTVで「あんなにおとなしい人がなぜこんなことを」とい

うコメントを聞きますが、抑圧しているからこそコントロールできず、危険なのです。

人間も動物ですから、攻撃性は必ずあるものです。しかしそれを抑圧するのではなく昇華して、向上心などの別のものに変えていくことが大切でしょう。

ノーベル賞を受賞した動物行動学者のコンラート・ローレンツは、その著書「ソロモンの指輪」の中で、優しそうに見えて残酷なハトと、凶暴のようで気高いオオカミの話を書いています。平和的なイメージがあり、優しさの象徴のようなハトは同類をいびり殺します。死にそうになったら回復を待ち、再び攻撃を加え、わざと長時間苦痛を与えるそうです。対して血に飢えた猛獣のイメージが強いオオカミは、同族との戦いでは、降伏した相手が服従の姿勢をとる限り、決してそれ以上の攻撃をしないのです。攻撃性をコントロールできる自制心を身につけているのですね。

残酷なハトと気高いオオカミ。ねこの場合は、明らかに後者です。ココたろうの貫祿をみていると、強い者ほど優しくあるべき、そんな学びに気づかされます。

あなたは、どちらでしょうか？

まとめ

ねこは自制心をそなえた人格者

一流の人は、なぜねこと暮らすのか？

ねこに振り回されるとき、あなたに起こる変化とは？

ねこは、なにかと要求が多い生き物です。毎日あなたに何かをねだり、催促してきます。

ねこと暮らしていると、ねこのために何かをしている時間が増えてきます。ごはんをあげることであったり、トイレの掃除であったり、一緒に遊んであげることであったり、いろいろです。

そしてなぜか忙しい時に限って、とても要求が強いものです。家に帰ってきて一刻も早くリラックスしたいときに足下で鳴き続けて離れなかったり、パソコンで仕事をしていると、キーボードの上に乗ってきて強制的に中断させられる、といったこともしばしばです。

面白いもので、たとえ最初は面倒くさいと思っていても、ねことの暮らしが長くなればなるほど、自然とねこのために費やす時間が、全く苦にならなくなってきます。家の外でのあなたがどんなタイプの人かは、この際あまり関係がありません。もしあなたが見返りが無いことは一切しないタイプだとしても、ねこのために時間とエネルギーを使うことが当たり前に感じるようになるのです。

そのうち、ねこのために何かをしてあげることが、むしろ喜びになってきます。いわば「与えるのが当たり前」という感覚に変わるのです。

こうした変化は、あなたにとってどのような意味を持つのでしょうか？

この章では、ねこが与えてくれる社会的な面での「ねこ啓発」効果について見ていきましょう。

「ねこたらし」の社会心理学

「与える姿勢」は、実社会であなたにどのような影響をもたらすのでしょうか。結論から言えば「与えたものには返ってくる」という心理学の法則が働きます。アメリカます。

の社会心理学者、ロバート・チャルディーニはこれを「返報性」のルールと呼んでい

「このルールは、他者から何かを与えられたら自分も同様に与えるように努めることを要求する。（中略）このルールに将来への義務感が含まれることによって、社会にとって有益なさまざまな持続的人間関係や交流、交換が発達することになる」（『影響力の武器』ロバート・チャルディーニ著、誠信書房）。

つまり、あなたが身につけた「与える姿勢」が周囲の人に対して発揮されたとき、あなたはいずれ周囲からお返しされることになります。それはあるときは、笑顔かもしれませんし、人を紹介されることかもしれません。あるいはもっと直接的に、商品やサービスを購入してもらうことかもしれません。

この返報性の力は人間の社会的習性に組み込まれたものなので、意思とは関係なく働きます。チャルディーニの言葉を借りれば「カチッ・サー」と、あたかもスイッチで動く機械のように、盲目的に再現されるのです。だから、自分が相手を望むように操作することにも使えてしまいますから、悪用は禁止です。

ただし、ねこ相手なら、どんどん使っていきましょう。ねこに与え、そのお返しと

してねこの好意を受け取りましょう。

ねこは、自分が無理やり何かを要求していることを自覚しています。だから人間がなにかを犠牲にして、自分のために尽くしていることもちゃんと分かっているのです。それはねこなりの感謝の気持ちとなり、あなたへの好意となって、いずれ返ってくるでしょう。

このようにしてあなたがねこに好かれる体質となり「ねこたらし」となったなら、それは返報性のルールが身に付いた証です。

なおこの返報性は、短期的な見返りを期待するものではありません。巡り巡っていつか返ってくる、くらいに考えておくのが良いでしょう。そこを間違えると、ただの打算的な人になってしまいます。

ちなみに、昔から日本では「招きねこ」がお客と金運を招く、とされていますが、私はその理由は、この「与える姿勢」と「返報性」が働いているからだと考えています。従業員とお客、そして社会に対して奉仕する経営者の元には、やる気にあふれる社員と優良顧客が集まります。それが巡りめぐって売上となって返ってくる、ということ

でしょう。経営者の「与える姿勢」こそが本質で、招き猫はその象徴なのだと思います。同じように親しまれているにもかかわらず「招き犬」はいないのもそうした理由からではは無いでしょうか。

もちろん単に看板ねこが好きで何度も通う、という人もいるでしょうし、それはそれで素晴らしいことだと思います。ただ、置物の招きねこを買って玄関に置いておくのも良いのですが、それはやはりただの象徴。実際に本物のねこと暮らし、与える姿勢を体得して、「招きパワー」にあやかりたいものですね。

まとめ

ねこはあなたに、本当に福を招く

結局「ねこ好き」が多くを手に入れる

「与える人」になるということは「受け取る人」になる、という話をしました。それはつまり、より多く稼ぐ人になる、ということです。

ペンシルベニア大学の組織心理学の教授、アダム・グラント氏によれば、人間は社会生活で、3つのタイプに分かれると言われています。「ギバー（与える人）、テイカー（受け取る人）、マッチャー（バランスをとる人）」の3つです。人はどれかのタイプで仕事をしています。そしてこれからの社会では、「ギバー」になることが、最も報酬を多く得られる可能性が高い、という研究成果を発表しています。

人間の社会は、価値の交換で成り立っています。企業は商品やサービスを社会に提供し対価を受け取ります。人が会社に勤めて給料をもらうのも同じです。社会というものはもともと、与えるからこそ受け取れる、というしくみになっているのです。

昔なら、搾取するタイプの人間が得をするかのような風潮がありましたが、今後は逆になるでしょう。今の社会はインターネットで繋がっています。悪評はネット上に瞬く間に拡散し、いつまでも残ります。口コミも、SNSを通じて恐ろしい勢いで広がります。もし「奪うばかりで与えない人物」というレッテルを貼られてしまったら最後、一緒に仕事をしようとする人も減り、雇ってくれる会社もなくなってしまうでしょう。逆に、「与える人」という評判もネットや口コミ、SNSを通じて残りやすくなっているのです。

ここで「自分は一生懸命働いているが、経営者に搾取されている」という人もいるかもしれません。しかしそれはやはり、社会に対して与える価値に見合ったものなのです。例えばあなたが営業の仕事をしているなら、もっと多くの売上をあげれば、会社はより高い報酬をあなたに与えざるをえないでしょう。もしそうならなければ、他にもっと良い条件で転職するか、自ら起業すれば良い話です。提供できる価値さえ高ければ、社会では必ず成果に見合った報酬を勝ち取れるのです。

とはいえ、そこには需要と供給のバランスは働きます。もしあなたではなく他の誰でも提供可能なものであれば、その価値は相対的に下がってしまいます。社会全体からみて、自分が提供する価値は相対的に高いのか、という客観的な視点が大切です。

「与える人」としての面が増えていくことで、「受け取る」ことも増えていく。社会からのリターンが増えていく。これが、ねこ好きに自然と起こる変化なのです。

まとめ

ねこと暮らすと、多くを与え、そして受け取る人になっていく

夢をかなえるネコ

「夢をかなえるゾウ」という、ミリオンセラーになった本があります。ある日うだつの上がらない主人公の元に、突然ゾウのような姿の神様が現われる。怪しみながらも指導を受ける日々が始まり、悪戦苦闘しながらも、やがて主人公は大きく成長して……というストーリー仕立ての自己啓発書です。面白くてためになる典型のような本で、多くの人が手に取りました。

そのストーリーはフィクションではありますが、「行動を変えるには、身近に指導者がいることが大切」というのは事実です。

頭では分かっていても、なかなか実行できない。こうしたジレンマは大きいものです。本などはまさに「頭では分かる」の代表例です。私自身がプロデュースした本をかえりみても、もっと読者の興味を引き、再現性を高める余地があったのではないかと反省しきりです。

人は頭で分かっただけでは不十分で、「腹落ち」して心から納得する必要があるのでしょう。そのためには臨場感を高めながら、繰り返し好影響を受ける必要があるのです。そういう意味で、生き方のヒントを得るのであれば、「メンター」はとても大切です。

メンターとは良き指導者、助言者、心の師匠、といった意味の言葉です。どの分野であれ、成功した人たちは多くがそうした存在を口にし、感謝しているのをみても、その大切さが分かります。ビジネス書や自己啓発書でも、メンターを持つことの大切さについて書かれた本は多いです。

とはいえ、まわりにそうした人がなかなかいないのが普通でしょう。人は朱に交われば赤くなってしまうものなので、結局はまわりにいる人に流され、所属する組織のカラーに染まってしまいがちです。

そこで私は、まずはねこを「自信を高めるためのメンター」にすることを提案します。

ねこはどんな人間も及びもつかないほど自立心が強い上、毎日そばにいて手本を見せてくれるからです。そして先にも述べたように、ねこは自分を大切にし、なおかつ周囲と上手くやる生き方においては、1万年もの実績もあります。

失敗してしまっても、自信を失っても、もう自己嫌悪に陥る必要はありません。家に帰れば、理想的な生きかたを体現している可愛いメンターが、あなたを待っています。あなたを叱咤激励（ごはんの催促）し、NO！というべき時（お腹を撫でたら怒られる）を教えてくれます。時には優しく（気が向いたら）励ましてもくれるでしょう。


そして素晴らしいのは、尊敬すべき存在である彼らが、あなたを慕い、認めてくれているということ。この事実があなたを勇気づけ、心を癒し、強くするでしょう。

もちろん、学ぶ姿勢がなければ、どんな指導者も役には立ちません。しかし心を開いて学ぶ姿勢があれば、自分の周り全てが師たりえます。そしてねこは明らかに、素晴らしい師匠。

まさに、ゾウならぬ「夢をかなえるネコ」なのです。

まとめ

ねこは理想的なメンターである

相手に好印象を与える「ゲイン・ロス効果」をねこに学ぶ

人間の意思決定は、単純にいえば「好きか嫌いか」で決まります。だから好意を得られれば有利だし、嫌われれば不当に損をすることも多いです。そうしたことを皆知っているのでしょう、書店には好印象を与える方法、嫌われないためのノウハウ、といった本が所狭しと並んでいます。そしていつの時代も、ベストセラーの一角を占めています。

好き嫌いを感じる脳の部位は、まだ私たちがヒトに進化する前の、哺乳類の時代からあります。一方、理性を司りメリットを考える脳の部位は、進化の最後にできたものなので、脳のいちばん外側にあります。内側にあるほうが、より根源的で影響力が強い。つまり「好き嫌い」は判断に決定的な影響を与えるのです。

ところで、ねこはなぜあんなにも好かれるのでしょうか？　わがままだし、頑固だし、気が向かなければ愛想もないにも関わらずです。

じつは、そのこと自体が、相手に好かれる効果的な方法になっているのです。
その理由は「ゲイン効果」にあります。ゲイン効果とは、最初が悪い印象だった後に、逆に些細なことで好印象を持ってもらえるという心理学用語。
ねこは最初は愛想もなく、あまりよい印象はありません。しかし、そんなに愛想がないねこが、ふとしたときに甘えてくると、とても強い好印象が残ります。これがゲイン効果です。つれない分、余計に嬉しいのです。これがねこが人の心を魅了してやまない理由の1つでしょう。

だからあなたも、ねこのように振る舞えば、相手に大きな好印象を与えることができます。つれないそぶりを見せてから、親しさを見せる。わざと豪快に振る舞ってから、繊細さを見せる。ビジネスの交渉や恋愛の駆け引きが上手い人は、この効果をうまく利用しているものです。

ねこに「ゲイン効果」を学べば、あなたの好感度は上がり、人間関係やビジネスに好影響があるでしょう。同時に、こうしたノウハウをあなたを操るために利用してくる人からも、身を守ることができます。ねこがあなたに免疫をつくってくれるのです

ね。

なお、逆に「ロス効果」というものもありますので、注意が必要です。いい印象を持たれた後でマイナスなことがあると、本来よりも悪く感じられてしまうのです。最初は愛想が良かったのにだんだん感じが悪くなった、などというのは最悪です。この順番ではロス効果が働いてしまいますので、あなたの印象を大きく下げてしまうでしょう。だから、なんとなく最初は下手にでてしまう人は要注意。それは悪印象の種を蒔いてしまっているといえるでしょう。

ねこにつれなくされたら、それは学びの真っ最中。その後来る嬉しさとともに、これらのノウハウを深く体得できているに違いありません。

まとめ

ねこの態度に一喜一憂することが、駆け引きの上達につながる

自由に生きるには、ねこと同じく武器がいる

もしあなたが、誰に頼ることもなく、精神的にも経済的にも完全に自由な状態だったら、どんな人になるでしょうか？「どんな環境になっても自分は大丈夫」という自信に満ち、将来への不安に脅えることなく、誰かに好かれようと気をもむこともなく、背伸びして認められようとすることもないとしたら。そうなれば誰もが自分らしさを存分発揮できるのではないでしょうか。ねこはまさにその境地にいる生き物です。

ねこは家の中だけでなく、自然界においても基本的に天敵が存在しません。だから誰かに脅えることはありません。野良ねこはよく逃げますが、それは脅えているからではなく、不要なリスクを避けているだけです。君子危うきに近寄らず、を実行しているのです。

そしてねこは、生まれながらの優秀なハンターです。よく百獣の王はライオンといいますが、同じネコ科ですから身体能力は同じで、ねこはサイズを小さくしただけです。

優れた狩りの能力に加えて魅力まで備えていますから、環境に応じて狩りをするだけでなく、人間にごはんをもらう、という選択肢も持てます。正確な体内時計をもっていますので、定期的にエサ場に出向き、もらい損ねることもありません。

つまりねこは「どんな環境になっても自分は大丈夫」と思っているし、実際にその通りの生き物なのです。かれらがあれほどまでに自由で強気なのには、理由があるのですね。


ここから私たちが学べるのは、自由に生きるためには、やはり裏付けとなる根拠が必要、ということです。「どんな環境になっても自分は大丈夫」と思えるために、なにか1つ、自分のよりどころとなる「武器」を磨きましょう。例えばねこの狩りに相当する能力、それは人間社会でいえば「他者に貢献でき、対価を頂ける何か」です。それを磨いた先に、自由があります。それを武器に会社を立ち上げるもよし、組織に所属して力を発揮するのもよいでしょう。

あるいは、ねこの魅力に相当する、コミュニケーション能力を磨くのもありでしょう。他者を喜ばせることができる能力。その力をマスメディアと組み合わせれば、大きな社会貢献です。TVに出演する芸能人たちは、こうした道を選んだ人達でしょう。

どの武器を磨くかは、人それぞれ。それが職業というものだと思います。自分ならではの、自分で選んだ能力で、ねこのようにしなやかに生きていきたいものですね。

まとめ

自由に生きるために、あなたならではの武器・魅力を磨こう

ねこのようにやりたいことをやれば、キャリア形成はうまくいく

将来が読めない時代です。

会社の将来性を気にするというのも、大切なようでいて無駄な事が多いものです。昨今の経済事情では大企業といえど安定とは無縁ですし、業績がよいブランド企業でもほんの数年先には傾いてしまう、ということも日常茶飯事。

では身につけたスキルはどうかというと、これもまた不安定です。たとえ弁護士と

いえども生活保護を受ける人がいる時代。供給過剰でライバルが増えれば選ばれるのは難しくなってきます。将来的には人工知能に多くの職業が置き換えられるとも言われています。

今ある職業の多くが無くなり、企業もまた入れ替わることでしょう。

では私たちは、どのように仕事のキャリアを考えるべきか？

私は「ねこのように働く」のが良いと思います。ねこは周囲からどう評価されようが全く意に介さず、自分の興味関心の赴くまま行動しているだけ。ここに、キャリア形成に関する1つの真理があります。

なぜなら、やりたいことをやることは、あなたの能力を引き出すからです。仕事にかかわる時間が自然と増え、情報へのアンテナも立ち、おのずと創意工夫もすることでしょう。そうなれば能力は高まり、結果もついてきます。当然、報酬も増えるでしょう。

時代の変化への対応にも強いです。これからの時代は働く期間も長くなります。40年勤めたら引退、などという前提はもはや崩れかけていますし、1つの会社にずっと

勤め続けることも、次第に非現実的な選択になります。

その点、好きなことを仕事にしている人には、次々と新しい興味が生まれてきます。それが次の成長となり、さらに大きな価値を提供することに繋がり、新しい職業にステップアップすることにも直結するのです。

「好きこそものの上手なれ」という言葉が、これほど仕事にあてはまる時代もないでしょう。

逆に、不確定で将来が読みにくい時代の中、今は安定しているからとか、給料がよいとか、他人から良く思われたいとか、そんな理由で好きでもない仕事を選んでしまうことほど、非合理な選択はありません。

その安定や給料は一時的でしかない可能性が高い上に、仕事に関心がもてなければ、先の好循環とは逆の影響が起こります。

なにより、仕事から精神的な満足を得られません。人は高い報酬をもらっても満足感に比例しない、という研究報告もあります。誰もが知る有名な会社に勤めても、毎日顔を会わせる同僚に自慢するわけにもいかないでしょう。

自分の「やりたいこと」を最優先にして、仕事を選ぶこと。それはやりがいと満足感だけでなく、周囲からの評価や報酬を高め、長く活躍し続けるための選択なのです。

ねこが自然と行っていることは、変化の時代の、合理的なキャリア選択の方法論でもあるのですね。

ぜひねこにならってやりたいことをやり、充実した仕事人生を送っていきましょう。

まとめ

ねこのようにやりたいことをやる、それが合理的なキャリア戦略

ねこはあなたを「評価される人」にする

先述したように、ねこは要求をストレートに伝えてきます。

だからあなたは自然と、自分ではなく、他者を優先して行動することになります。毎日毎日、そうなります。

そしてここでも「自己創造の原則」は働きます。ねこのためにする行動の１つ１つが、「他人のために何かをすることは価値がある」というあなたの考えを強化するのです。自然と、自分のことよりも他人のことを優先する考えが身についてきます。

このことは、あなたの人生の方向性を変えるインパクトを持ちます。

他者志向の人は、他人に貢献することに関心を持ち、そのための能力を磨きます。そしてそれを行動に移します。それは職業選択や働き方にも大きな影響を与えるでしょう。感謝されて、充実感を持って働けるのも、こうした人の特徴です。

また、社会で評価される人になりやすいです。というのも人は1人では何もできません。だから社会をつくり、お互いに貢献しあって暮らしています。社会の中では、他者に貢献することが、イコール認められることに直結するのです。

社会的に評価が高い人の共通点は、目先の能力の違いではなく、こうした「動機」の違いにあります。「志」の違い、といってもいいかもしれません。偉大な経営者や指導者と言われた人たちは例外なく、自分のためではなく他人のため、そして社会のためという志をもっています。松下幸之助さんは「世のため人のためになり、ひいては自分のためにもなることをやれば必ず成功する」という主旨の言葉を残していますし、稲盛和夫さんは「世のため人のために尽くすことが人間としての最高の行為だ」と言っています。

その思いの強さや大きさは違えど、方向性は同じです。ねこはそのような境地への第一歩を踏み出させてくれる存在、と言えるでしょう。

まとめ

ねこと暮らすことで、志が磨かれる

ねこに振り回されれば「希少性」のワナから身を守れる

ねこは命令に従わない生き物です。行動の基準は、ねこ自身がやりたいかどうかだけ。名前を呼んでも、しらんぷりは普通のこと。しっぽの先だけ動かして返事したり、向こうを向いたまま耳だけこちらに向けたりもします。

だからたまたま呼んだねこが返事をしたり、そばに寄って来てくれようものなら、そ

の喜びはちょっと変なくらい大きいもの。「次いつ来てくれるか分からない。だから思いきり可愛がろう」となるでしょう。これはねこと暮らしている人ならば、多くの人が同意してもらえるものと思います。

さて、ねこが教えてくれるこの不足感と反動による嬉しさ。たまにしか無いことはとても価値が高く思えること。これを「希少性」のルールといいます。先にご紹介した、社会心理学者のロバート・チャルディーニが長年の研究を経て発表したものです。ルールと言われるくらいですから、普遍的で再現性があり、誰もがつい影響を受けてしまうものです。

私たちは知らず知らずのうちに、この「希少性」のワナに取り巻かれています。モノやサービスを売る企業などもその効果を知っているからです。普通に生活しているだけで「先着○名様のみ」「限定○○個」といった表現を良く目にします。テレビ通販で「あと残りわずか」とか、「本日お申し込みの方限定で○○をプレゼント」という声を聞いたことがない人はいないでしょう。

これらはまさに希少性の影響力を利用したもので、たとえあまり欲しくなくても「買わなければ損をする」と感じさせられてしまいます。だから後で「買ったけど全く使っていない」「あの時なんで買ったんだっけ」ということが起こる。あなたは知らないうちに、希少性のルールを利用している人たちに、取り巻かれているのです。

しかし、ねこによって、その影響を必要最低限にすることができます。なぜなら、いかに魅力的な企業のオファーによる物欲も、ねこの魅力にはかなわないからです。なにも特別なことをする必要はありません。ただ、ねこを可愛がろうとしてつれなくされるだけ。それで勝手に免疫がついてきます。

さきほど、ねこは呼んでもたまにしか来ないという話をしました。そうした経験を繰り返していると「やはり今は呼んでも来ない。しかしその分、将来の喜びは大きくなる」などと感じはじめます。こうなったらしめたもの。毎日繰り返し、希少性を感じさせられているので、立ち止まって落ちつく余裕が出来てきます。私たちを取り巻く「希少性」の強い影響力も、一歩引いて冷静に観察することができるのです。あなたを動かそうとする仕掛けの意図も見えてくるでしょう。だから余計な出費をせずにすんだり、無用なトラブルに足を突っ込まずにすむことも多くなるのです。

もちろん、そうやってムダな出費を抑えることができたなら、ねこにおいしいおやつでも買ってあげることも、忘れないようにしたいものですね。

まとめ

ねこに振り回されると、社会からは振り回されずに済む

ねこのケンカに学ぶ、上下関係のストレスが激減する方法とは？

ねこ同士のケンカをみていると、とても面白いです。わが家では7匹もねこがいますので、遊びのケンカを見かける機会があります。それまで劣勢だったねこが、高いところに登っただけで、急に形勢が逆転します。「ダダダッ」と追いかけていた威勢のいいねこが、相手が高いところに逃げた途端、攻守が交代。今度は「ダダダッ」と逃げていく。今まで逃げていたねこも、勇んで後を追いかけていく。年齢や体格は関係なく、高さだけで逆転するのです。夜寝る前にこれをやられると、布団をかぶりたくなりますが……。

ものの本などを読むと、野生のねこの真剣な戦いでも、同じことが起こるようです。高い方が戦いに有利だから、という説明がされていることが多いのですが、確かにその通りだろうとは思うものの、たかが高低でそんなに立場が変わるのもおかしな話だな、と感じずにはいられません。

しかし考えてみれば、人間も同じです。会社にいって上司の立場に立てば偉そうにして、部下になれば自分を抑える。仕事を発注する側が偉そうにして、受注する側が恐縮している。これはねこが高いところに登ったから調子づき、低い場所にいるから気弱になるのと、基本的に同じです。ねこの脳は「戦いに有利かどうか」で優劣が切り替わりますが、人間の脳は「社会的に有利かどうか」で切り替わるだけの話です。脳にプログラムされているからというだけで、そこまで重要視する必要が本当にあるかどうか疑わしい、という点まで全く同じなのです。

そう考えると、人間関係ももっと気楽に考えるべきだと思います。少なくとも、必要以上に恐縮してストレスを感じることなど無いのです。もしこうした上下関係で威張っている相手をみたら、一段高いところに登って偉そうにしているねこを思い浮かべてみましょう。きっと、なにやらおかしく感じられてくるのではないでしょうか。上下関係でストレスを感じたり、自信を失ってしまうことは激減するでしょう。

この方法には、ストレス軽減以外のメリットもあります。周りの人を嫌いにならずにすむのです。人は、ペコペコしていると相手の事を嫌いになります。これは心理学の研究で相関関係が明らかになっています。人は服従すると、抑圧された敵意が生まれるのです。だから上司は基本的に嫌われるのですね。さらに、服従によって生まれた敵意を抑圧すると、それは拡大していきます。上司の周りにいる人まで、なにやら勝手に脅威に見えてくるのです。

だから、あなたが必要以上にへりくだるのを止めれば、相手を嫌いになることもなくなりますし、世の中が敵に見えてくる、ということも無くなります。

自信がある状態というのは、勇敢なのではなく、相手が怖くないだけ。有利になった気がしているだけ。ねこのケンカに学んで、上下関係のストレスを激減させましょう。

上下関係はもっと気楽に考えよう、とねこは教えてくれる

ねこと暮らせば、リーダーに必要な度量が広がる

「最近の若いものは……」という小言、聞いたことがありますよね。古代エジプトの壁画にも書いてあるそうで、昔から尽きないストレスのようです。

ねこはこうした世代間のギャップからくる悩みを軽減してくれる生き物です。ねこと暮らすことで、ストレス耐性を高めて悩みを減らすことができ、マネジメント能力を発揮する余裕を獲得できます。

なぜなら、「思い通りにすることはできない」と心の底から分かるからです。不当だと思うからストレスになるのであって、最初からそういうものだと納得していれば、不満もおきにくいのです。

組織学習経営コンサルタントの池本克之さんは、経営者として２社の上場に携わり、年商３億円の企業を４年で１２０億円に成長させた人物。池本さんはその著書の中で、このように書かれています。

「(この人ががんばらないのは)なぜなのか?」という疑問は、自分を基準に考えるからこそ、生まれる疑問です。『この人はこんな考えの人なのだ』と理解することができれば、疑問は生まれませんし、不満がわくこともありません。」(「今いる仲間で最強のチームをつくる」日本実業出版社刊)

人はねこと対したとき、自分中心の考えを諦めることができます。ねこに対し、立場を利用した押し付けや強制は一切通用しないからです。ねこには「査定にひびくから遠慮しよう」などという感覚はないので、やりたいことをやってくれます。それを受け入れたとき、ストレスもまた消えるのです。

例えば、就寝時。夜ベッドに入ろうとすると、だいたいねこが先に寝ています。快適な寝場所を確保することについて、ねこはとても真剣です。相手が人間でも妥協しません。そこで「それは私が買ったものだから私に権利がある」とか「私がごはんをあげているのだから、配慮して隅に寄りなさい」などと立場を振りかざしても、何も起きません。涼しい顔をして、耳をちょっと動かす程度でしょう。

そこで私などは、無理やり動かそうとするとねこに怒られるし、今後嫌われるのも

イヤなので、遠慮気味にちょと無理な体勢で後から入らせてもらいます。そのように遠慮していても、不愉快そうにひと声鳴かれ、なじられてしまうこともしばしばです。

こうした経験を繰り返すと、上下関係を権威でなんとかしよう、という発想自体が弱まります。立場は関係なく、人には欲求があり、それを尊重すべきだという、あたり前のことに気づかされるのです。頭で分かるのではなく感情でわかる。言い換えれば「腹落ちする」のです。

こうした経験が世代間のギャップへの寛容さになり、ひいては部下の個性を尊重し、信頼して良さを伸ばしてあげる度量へと、自然に繋がっていきます。

ねこと暮らしている人ならば、部下が多少物分かりが悪くても、残念なことをしても、「だよね。」と受けいれることができるようになっていくのです。

ぜひねこと暮らすことで度量を広げていきましょう。

まとめ

ねこはあなたの度量を広げ、世代間ギャップを解消する

今後、ねこ型人材が活躍する理由とは？

インターネットの力を借りて、精神的にも経済的にも自立して生きていきやすい時代になりました。個人が気軽に自分のメディアをもつことも当たり前の時代です。メディアを持つということは、1人で情報発信ができて、見込み客を獲得でき、売上を得ることができるということ。世の中に価値を提供できれば、必ずしも組織に所属しなくても生きていけるのです。

ロンドン・ビジネススクールの教授であり、組織論の権威でもあるリンダ・グラットンによれば、今後世界の企業は2極化していくそうです。吸収合併で巨大なグローバル企業に集約される一方で、個人単位のマイクロビジネスが増加し、それぞれが独立しながら連携して仕事をしていくスタイルが当たり前になると言われています。

それと同時に、個人が行う新しい仕事の種類が、どんどん増えていっています。先のリンダ教授の著書「ワーク・シフト」（プレジデント社刊）によれば、今の子供たちが就くであろう職業の6割は、まだ存在していないそうです。つまりこれから個人の新しい職業がどんどん生まれ、新しい活躍の場が広がっていくのです。

当然、組織とのつき合い方も変わります。今までの日本では、ピラミッド型の組織に属し、その中で上を目指す、というのが当たり前でした。でもこれからは仕事の案件ごとに提携し、終わったら解散、という柔軟な形が増えてきます。

つまり、組織の一員でなければならなかった時代から、個人が重んじられる社会になってきているのです。「犬型」の働き方一択だった時代から、「ねこ型」という選択肢が普通の時代になっていく、とも言えるでしょう。

実際、私自身も起業してマイクロビジネスを経営している立場ですが、実に快適で合理的な働き方だと思いますし、今後増えていくのは当然と感じています。また私は「商業出版コンサルタントって何をする仕事ですか?」と珍しがられることも多いのですが、今後はそういう新しい仕事が、どんどん増えていくのでしょう。

従来は組織の中でどう実力を発揮するかが大切でしたが、今後は「いかに自分の個性を大切にして働くか」という選択肢もまた、大切になってくる。そうなってくると、どのように生きるのか?という基準が変わってきます。自分を大切にし、対人関係や組織とのしがらみで消耗しない生き方に関心が集まります。

「嫌われる勇気―自己啓発の源流アドラーの教え」（ダイヤモンド社刊）という本がミリオンセラーになり、まだまだ売れ続けているのも、こうした時代の要請でしょう。アドラーはユングやフロイトと並び称されつつも日本ではマイナーな存在だったのですが、今こうして再評価されるのには、個人が自我を主張しやすくなり、周囲との関係を見直す機運が高まったという時代背景があると思います。

今後の社会では、自らのスタイルを大切にするあまり、既存の組織のなかでは浮いてしまっていた「ねこ型」の人材は、俄然価値を増してきます。そのこだわりは仕事のクオリティに反映され、クオリティは成果に反映され、成果は次のビジネス機会につながります。それはすなわち、社会的成功です。

それまでは煙たがられていた個性やこだわりが、「プロ意識」として、180度逆の評価を受けるのですから、面白い時代です。当然、そこで学ぶべきは、いかに自分を大切にし、個性を磨き、それを貫くか。それを教えてくれる教師こそがねこであり、「ねこ啓発」が時代に必要とされる理由なのです。

まとめ

ねこ型人材は社会構造の変化に強い

4

幸せをくれる
ねことの上手なつきあいかた

ねこと上手くいくなら、人間関係も上手くいく

この章では、ねこと良い関係を築くための方法について、具体的にお伝えしていきます。

これまで述べてきた「ねこ啓発」効果の数々を得られるかどうかは、ここにかかってきます。ねこと強い信頼関係を築ければ、より多くをねこはあなたに与えてくれるでしょう。逆に関係が薄ければ、残念ながらそれほど多くは得られないかもしれません。

また、ねことよい関係を築こうとすることは、そのまま人間関係をよくすることにも繋がります。

なぜならねこも人間も、判断基準は「好き嫌い」だからです。考えてみれば、人間は理性で判断しているようでいて、実はほとんどを感情で決めています。あなたも何かを欲しいと思ってから、それが必要な理由をあとからひねり出した経験があると思

います。利害関係がものをいうと思われているビジネスや政治の世界でも大差ありません。先に好き嫌いがあって結論は出ており、それを正当化するために理由は後付けされることが多いのです。

そういうレベルでは、ねこと人の条件はほとんど同じ。好き嫌いを生みだす脳に、ねこも人も違いはないのです。アメリカの動物学者テンプル・グランディンによれば、感情を司る大脳辺縁系は、人と他の動物、例えば豚でもほとんど変わらないのだそうです。つまりねこと人は同じ脳の部位で感情を生みだしています。だから、人間関係をよくするポイントも、共通するものが多いのです。

こういうと「人間とねこの脳が同じであるはずがない」と思われる人もいるかもしれませんので、補足したいと思います。

アメリカの心理学者・神経科学者であるポール・D・マクリーンは、人間の脳は3層に積み重なっていることを見いだしました。脳は古いものを残したまま、後から機能を上乗せして発達してきたのです。具体的には「爬虫類脳→旧哺乳類脳→新哺乳類脳」という順番で、これは「脳の三層構造説」と呼ばれています。

このうち、一番外側で新しい新哺乳類脳は大脳新皮質とも言われており、人間にしか無い部分です。しかし、ねこと人の違いはその部分のみ。それより内側の脳はほぼ同じです。内側の「爬虫類脳」と「旧哺乳類脳」も人間だから高度に発達している、というようなことはないのです。

繰り返しになりますが、ねこと人は関係を好き嫌いで決めており、その脳の部分はほぼ同じ。だから、ねことよい関係を築こうとすることは、そのまま人間関係をよくすることにも繋がります。

この章で具体的にねこと向き合う方法を知り、より多くの好影響を得ると同時に、よりよい人間関係にも役立てていきましょう。

ねこに対しては常に「Ｙｅｓ」が正解

ねこというのは不思議なもので、こちらが構ってあげたいときはよそよそしく、逆にこちらが忙しいときに限って「甘えたい！」とばかりに肉迫してくるものです。

ここで「今忙しいから後で」と自分の都合を優先してしまうようでは、ねことの信頼関係を深めることはおぼつかないでしょう。

結論から言えば、忙しい時でも都合が悪くても、ねこがコミュニケーションを求めてきたら、

「はい、分かりました」

と即応じる。これが望ましい態度です。

例えば家で趣味に没頭しているとき。あるいは仕事の悩みごとで頭がいっぱいの時。ねこが来てくれたならば全て脇にいったんおきましょう。そしてねこに歓迎の気持ちが伝わるよう、頭を撫でる、あごの下をかく、背中をさすってあげる、などを全力で行いましょう。表情だって、嬉しそうにしましょう。もしあなたが一刻もはやく別のなにかをしたいとしてもです。「しかたなく」といった表情や態度など、おくびにも出してはいけません。

というのも、ねこは想像以上にあなたの気持ちを読み取るからです。人間の言葉が分からないからといっても、気持ちは声の抑揚やゼスチャーから伝わるのです。そも

そも人間だって、好意や反感などの感情のコミュニケーションのうち、言葉が占める割合はほんのわずかです。アメリカの心理学者アルバート・メラビアンによれば、言葉の内容が占める割合はわずか7％。38％は声のトーンや口調、そして55％をボディーランゲージが占めるといいます。言葉が分からないねこの場合は、それ以上に敏感に、あなたの声の調子や身ぶり手ぶりから判断するでしょう。

おざなりな態度ではなく、心から真摯にねこに向き合う。この心構えが大切です。


ちなみにわが家では、よく夫婦でねこについて会話するのですが、ついつい聞こえていないと思って、言いたいことを言ってしまうことがあります。

わが家のきじたろうというねこは、とても可愛いのですが、ちょっと間の抜けたところがあります。そこできじたろうのドジな話を夫婦で面白おかしく話していると、すぐ横に傷ついた表情の本人がいたりします。明らかにニュアンスが伝わってしまっていることが、目を見れば分かります。「名前を呼ばれたと思って近づいてきたら、なにか良からぬ話をしており、全部聞いてしまった。悲しい」と顔に書いてあるのです。

こうしたときは及ばずながらフォローをしつつ、反省することしきりです。

さて、このようにねこを常に受け入れ、肯定的に対応することは、自分を犠牲にすることのように感じられるかもしれません。しかし、決してそうではないのです。むしろ自分の「器」を広げる機会と考えたほうが自然です。

なぜなら、人には自分では意識しずらい「認識の前提」があるからです。

自分自身のことしか考えていない場合は「自分が世界の中心」という前提があります。相手のことも考えていれば「他者も世界にはいる」という前提です。さらに周囲の人間のことまで考えていれば「組織としての立場もある」という前提になります。そこからさらに「社会」「国家」「世界」「宇宙」と広がっていくといわれています。だからこうした認識の前提の広さが、そのままその人の器量という言い方もできるでしょう。

ここで話を戻しましょう。

「自分が中心」の人からみれば、ねこへの奉仕は自己犠牲のように思えることでも、「他者もいる」という前提の人からみれば、喜びであったりします。だからねこの求めにどう感じるか、どう対応するかということは、自分の器量をはかる良い機会と言えるでしょう。

そして大事なことは、器量というものは固定されたものではなく、変化しており、大きくも小さくもなる、ということです。

ねこを優先するだけでねこも喜び、あなたも成長する。ぜひ実践してみてください。

まとめ

ねこと暮らせば、人としての器量が大きくなる

仲良くしたけりゃ　ふっくらねこをもみなさい

日本人のよさの1つに「察する」「思いやる」文化があります。以心伝心という言葉もあるように、ひと昔前は、親しい間柄なら、だまっていても気持ちは伝わっているはず、という考え方が普通でした。

しかし今は「伝え方」の本がベストセラーになる世の中。書店にはうまく意思疎通をはかるためのノウハウ本があふれ、多くの人が読んでいます。やはりこちらから能動的にコミュニケーションを取って行くことも大切、ということでしょう。伝える技術がなければ伝わらないし、場合によっては誤解すら招いてしまいかねません。

そしてそれは、ねこにも同じ事が言えます。

「心の中で可愛いと思っているから、態度に示さなくても伝わっているだろう」というのは、誤った考え方です。実際は、さっぱり伝わっていない事が多いのです。


わが家のきじたろうという若い雄ねこの話です。比較的引っ込み思案で、感情をあまり表に出しません。ある日、そのきじたろうが、あまり近寄ってこないことに気づきました。少し離れたところから、傷ついたような目をしてこちらをじーっと見ています。それからきじたろうが近くにいるときは、できるだけ声をかけて、撫でて、頭やアゴの下を掻いてあげるようにしました。すると、以前よりも表情も明るくなり、近寄ってくるようになったのです。今では、すきあらば密着してくるほどになり、きじたろうとのコミュニケーションは私にとって欠かせない癒しの時間です。

要は、他のねこばかりかまっていて自分への関心が少ないと感じていたようです。でもプライドが高いので甘えられなかったのでした。私はきじたろうのことをとても可愛がっているし「それは伝わっているだろう」と独り合点をしていたのですが、それは全く伝わっていなかったのです。やはり自分からコミュニケーションをとる必要があるのですね。

さて、こうしたコミュニケーションの手始めとしては、「あいさつ」が良いと思います。家庭でも職場でも、人はあいさつをしますね。ねこも同じです。私のおすすめは「指先をねこの鼻先にさしだす」というもの。これはねこ同士のあいさつに近い方法です。

ねこは嗅覚が鋭く、多くの情報をニオイから嗅ぎ取ります。そのせいか、ねこのあいさつは鼻をそっと触れ合わせます。親しい間柄なら、世間話のかわりにお互いのお尻のニオイを嗅ぎます。そうすることで、体調なども分かるのです。人間の場合はお尻を出すわけにもいきませんので、指先をねこに差しだしましょう。その匂いをねこが嗅いだらしめたもの。ねことの挨拶は成立し、関心を持っていることを示せます。

さらには、ねこの頭を撫でる、あごの下を掻いてあげる、せなかをマッサージする、そしてふっくらしたねこの身体をやさしくもんであげる、なども良いでしょう。ねこによって喜ぶポイントは違いますから、いろいろなコミュニケーションを試してみて

ください。

ここで気をつけたいのが、その頻度です。「さっきしたからいいだろう」と思わず、1日に何度もコミュニケーションしましょう。というのは、ねこは我々人間が思う以上に「久しぶり」と感じているようなのです。ねこの時間の感覚は人と異なり、4倍以上の長さとして感じている可能性があります。成猫の1年は人間の約4年分、ということもあり、人間にとっては半日経っただけでも、ねこにしてみたら丸2日も会っていなかった、という感覚なのかもしれません。

だからあなたが外出から帰ってきたとき、玄関に迎えにきたねこを無視するということは「2日も会っていなかったのに、挨拶もせず、歓迎も無視されてしまった」ということになります。これではねこを悲しませてしまいますし、幸福な関係を築くどころではありませんね。

「だまっていても伝わるはず」は、人でもねこでも禁物です。積極的なコミュニケーションを取り、円滑な関係を築いていきましょう。

まとめ

伝わっているはず、は人にもねこにも通用しない

ねこをしつける、という考えを捨てよう

あなたは「ペットはしつけなければ」という考えを持っているでしょうか？

確かに犬などはしつけないで甘やかし続けていると大変です。「自分が群れの中で一番偉い」などと勘違いをします。たとえ小型犬でも飼い主に対し、居丈高に服従を要求するようになるそうです。チワワが一家の大黒柱であるお父さんに「キャンキャン」と怒って命令する。なかなかシュールな光景ですね。そんなことにならないためにしつけは大事、という考え方も分かります。

しかし、ねこの場合は違います。「悪いことをしたらしつけなければ」と考えていたら、それは大きな間違いです。なぜならしつけの効き目は全く無い上に、信頼関係も失われるからです。

例えば、知らないうちにねこがあなたの靴をかじってしまったとします。ピカピカだった靴に大きな歯形が。そんな場合でも、決してねこを叱ってはいけません。なぜなら、ねこはなぜ怒られたかが分からず、単にあなたに意地悪をされた、と思ってし

まうからです。そんなことが続けば、ねこはあなたの姿を見ただけで恐怖を感じるようになるでしょう。

イギリスの動物学者ジョン・ブラッドショーによれば、仮にねこをしつけるなら「関連づけるできごとは同時か、最低でも1、2秒以内に起きなくてはならない」とのことです。だからねこを叱ろうと思ったら、一流のお笑い芸人のツッコミのようなスピードが求められます。「花瓶をガチャ」「(1秒以内)なんでやねん！」というイメージですね。こうしたリアクションを常に再現できるのであれば、あるいは叱っても効果があるのかもしれませんが、普通の人にはまず無理でしょう。ちょっとでもタイミングがずれたらただの意地悪です。

実は私の経験でも、過去に「間に合ったかな？」というタイミングで怒ったことはあるのですが、まず効き目があったためしがありません。その行動を止めてくれない上に「なんかイヤなことをされた」といううらめしげな目で見られ、数日間よそよそしくされたりして、こちらが悲しい思いをします。ほかにも、ねこの性格によっては「なんだ、やるのか〝シャー〟」と逆にこちらが怒られてしまうことも。もっと悲しいのは、繊細な性格の子が怒られた理由も分からないまま「意地悪されて悲しい」という表情で落ち込んでしまうことです。

ではどうすればよいのか？ということですが、良い対処法があります。「もっと関心のあることを提供する」のです。

例えば、爪とぎして欲しくないカーペットで爪をとがれる前に、もっととぎ心地のよい爪とぎ器を横に置きましょう。カーテンをよじ登って欲しくない場合は、横にもっと登りがいのある麻巻きタワーなどをおくのもよいでしょう。服のひもを引っ張られて困るなら、リボンのついた棒状のおもちゃをちらつかせましょう。急ぎの場合は指で遊んであげるだけでも、十分気をそらせる場合もあるでしょう。ねこの気をそらすのは意外とカンタンなのです。

ねこを叱ってしつけよう、などという考えは、今後一切、完全に捨ててしまいましょう。

考えてみれば、怒るという行為はだいたいが自己満足。人間の場合でも、怒られたほうは「今度は見つからないようにしよう」「うるさいから距離を置こう」と思うだけですね。人はホンネが見えにくいだけで、心の中はねこと一緒です。

怒ってすむなら書店に「上司と部下の関係を良くする本」がこれほど積まれている

はずがありません。怒りたくなったら一呼吸おいて代案を考える。そうすればねことも人とも、上手くいきます。

ねこを叱っても、人を叱っても、百害あって一利無し

ねこの注目度100%。いざというときのテクニック

ねこに怒ってもしつけはできない、もしやるなら1秒以内にという話をしました。ではもし、その1秒に間に合いそうだったら？これからまさにいたずらせんとする現場を、事前に察知できたら？

そうした場合の、ねこのいたずらを止めさせたい場合のワザをお伝えします。

「上下の前歯を噛み合わせ、すき間から一気に息を鋭く『シッ！』と吐きだす」。

これは驚くほどの効き目があります。というのも、ねこ自身が威嚇に使っている方法だからです。ねこが怒ると「シャーッ」といいますね。あれと同じなのです。たとえ大きな声で叱っても全く意に介さないねこでも、この方法ならビクッとあなたに注目するでしょう。ちなみに私もいざというときのために、誰もいないところで1人練習をしたものです。

注意したいのは、面白いようにこちらをむくからといって、多用しないことです。ねこを威嚇して警戒させているわけですから、繰り返しているとあなたはただの怖い人になってしまいます。また、繰り返しになりますが、止めさせたい行為と同時か遅くとも、1秒以内にしなければ意味がありません。

なお一番やってはいけないのは、ねこの名前で叱ること。これをやってしまうと、名前と恐怖が紐付けられ、今後あなたが普通に名前を呼んでも、ねこには恐怖の記憶がよみがえってしまいます。

このように、タイミングと方法を間違えなければ、しつけは一応機能します。とはいえ、やはり嫌われるリスクもありますから、ここぞというときだけ、必要最低限にしたいものです。

まとめ

どうしてもの時は「シッ！」

ねこも人も、ほめれば伸びる

ねこに人のルールを教えたい場合、実はより建設的で、お互いのためになる方法がありります。それは「ねこをほめて伸ばす」という方法です。

犬などにくらべてねこは「人に承認されたい」という欲求が弱い生き物だと思われがちです。確かに彼らは群れをつくらず、序列も無いので、そういう面はあります。しかし、承認欲求が無いわけではないのです。プライドが高いのでそれを表にだすのは苦手ながら、ねこも人に認めて欲しいのです。

わが家で一番プライドが高いのは、「ひょう」という茶トラの雄ねこです。かれはちょっと心細くなったり、甘えたい気分になっても、すぐに近寄ってはきません。ちょっと遠くからこちらをじっと見ます。そして気づかないでいると、少しずつ近くに寄ってきてじっと見ます。物陰から見ていることもあります。それでも気づかないと「まだ気づかないのか」というちょっと怒った目をして、ギリギリの真下までやってきてじっと見上げます。そこまで来ると、睨んでいるといってもいい表情です。そこで

こちらも気付いて、優しい声をかけつつ撫でてあげると「やっと気づいたか」という感じで、しかし隠し切れない嬉しさが表情に出ています。そんなに気付いて欲しいなら鳴くなりすればよいのに、と思うのですが。

このように、ねこというのは表になかなか出さないものの、しっかりと承認されたいという欲求をもっています。だから「ほめて伸ばす」ことが実は有効なのです。

例えば先にお伝えした「ねこを叱るかわりに気をそらす」ケース。爪をとがれたくないカーペットの近くに爪とぎ器を置きます。そしてそこで爪をといでくれたなら、少し大げさなくらい褒めるのです。ここでも、約1秒以内に褒めることが大切。そうして「爪をここでとぐ→嬉しい気持ちになる」という回路がねこの脳内に出来上がったらしめたもの。ねこは自分の欲求に正直ですから、そこで繰り返し同じ事をする可能性が高まります。

考えてみれば、組織の人間関係を円滑にするノウハウなども、承認して自発的な行動を促すことが核になっています。ねこだけでなく人間も、褒められると意欲が湧いてくる生き物。ねこを褒めることが上手になったなら、人間関係を円滑にするコツもいつのまにか会得していることでしょう。

まとめ

ねこへの褒め上手は、人にも褒め上手

ねこにとっての喜びを追求しよう

ねこと暮らしてみて「思っていたよりも淡泊」と感じ、さみしい思いをするときがあるかもしれません。そんな時のための、とっておきのコツをお伝えします。

「思いがけず、ねこがのどを鳴らして喜んだこと」を追求するのです。

よく本で「ねこは撫でると喜びます」などとありますね。それはその通りなのですが、それだけに頼っていては、ひと言でいうと研究不足。バリエーションが足りません。ねこも人も刺激に慣れれば飽きてきます。「撫でれば喜ぶ」というワンパターンでは、あなたのねこもそのうち「また今日も同じか」と感じてしまうのも、時間の問題です。それが続くと、淡泊な態度になって現われてくるのです。

私はいろいろな個性のねこと暮らしていますが、それぞれこんなにも好みが違うものか、と驚くこともしばしば。ましてやそのねことの暮らしがまだ短い場合などは、まだその子が喜ぶツボをほとんど分かっていない、と考えた方が自然です。

例えばわが家の「ココたろう」という白黒の雄ねこは抱っこが大好き。目をウルウルさせて、こちらを信頼のまなざしで見つめ、ノドを鳴らします。かたや「しまじろう」というキジトラ白の毛色のねこは、お腹を撫でてもらうのが大好き。撫でると転がって仰向けになりつつノドを鳴らして、喜びを全身で表現してくれます

しかしこれを逆にしてしまうと、とても迷惑がられたりするのです。

このように、ねこの「喜びポイント」は千差万別。そこで、さきほどの「思いがけず、ねこがのどを鳴らして喜んだこと」を追求する、という戦略が活きてきます。

そのような心構えでねこと戯れることで、いろいろなアプローチが増えます。ねこも「おっ、今日はこんなことをしてきたか」ということで、刺激が増えてまんざらでも無いはずです。ねこは自分を嬉しくさせてくれる人が大好き。お返しに手を舐めて

くれるなどしたら、作戦成功と言ってよいでしょう。

もちろん、すぐに「喜びポイント」は増えないでしょう。また逆の「嫌がるポイント」もありますから、繰り返さないよう注意したいところです。「だから抱っこは絶対イヤなんだよ！」という子もいますので。

しかし試行錯誤するうち、必ずねこが気に入る何かが見つかります。そうなったらしめたもの。「ゴロゴロ」とノドを鳴らして喜んでくれますから、それを覚えておき、忘れずにまた後日繰り返しましょう。いつしかねこのあなたへの冷たい態度は影をひそめ、輝く期待のまなざしの日々が待っていることでしょう。

有名な経営学者のピーター・ドラッカーも、その著書の中で「予期せぬ成功ほど、イノベーションの機会となるものはない」と述べています。ぜひ「思いがけない喜びのゴロゴロ」を追求し、あなたとねこの関係に素晴らしいイノベーションを起こしてみてください。

まとめ

ねこの「のど」は1日にして鳴らず

ねこの好意は全て受けいれよう

あなたは、愛情の反対は何か？と聞かれたら何と答えますか？　１９８６年にノーベル平和賞を受賞したエリ・ヴィーゼルによれば「無関心」だそうです。共感できる方も多いのではないでしょうか。

これは、ねこの場合にも全く同じに当てはまると思います。ねこが甘えてきているのに、「今忙しいから」と後回しにしてしまうことは、まさに無関心。愛情の対極にある行為です。このとき、「これだけ忙しそうにしているのだから分かってくれるだろう」と考えてしまうのは人間のエゴ。ねこが理解するのは「愛情を求めているのに、無視されてしまった」という事実だけです。

このように私たちは、知らず知らずのうちに最悪のメッセージをねこに送ってしまいがちなので、注意をしたいものです。特に、ねこがあなたの手などをペロペロ舐めてくれたら、それは親愛の証。「くすぐったいから」といって手を引っ込めるのではなく「ありがとう」とお礼を返しつつ、空いたもう一方の手で撫でてあげたいもの。こうした小さい1つ1つのコミュニケーションの積み重ねが、大きな信頼関係を築きます。

もしこうした好意を受け止めることをせず、無関心な態度をとっておきながら「ねこがかまってくれない」「ねこは冷たい」などと言っている人がいたら、それはあまりにも自己中心的というもの。ねこはあなたの行動をうつす鏡です。人のふり見て我がふり直せ、ということわざを、ねこの態度で噛みしめましょう。

まとめ

ねこのふり見て我がふり直せ

「1オクターブ高い声」が武器になる

ねことよりよいコミュニケーションを取るためのテクニックを教えましょう。

それは「1オクターブ高い声」を出すことです。

ひょっとしたら男性は抵抗があるかもしれません。一家の主で頼れる大黒柱、というような自己イメージを持っていたなら、家族の前でそういう声を出すのは最初は恥ずかしいでしょう。とはいえ、他ならぬねことの良好なコミュニケーションに関わることなのですから、この際家庭でのキャラを変えてしまうのも一案です。高い声を出したくらいで失われる権威なら、しょせんはその程度のもの、という諦めも肝心です。

さて、1オクターブ高い声を出すべき理由は、ねこがそれを好むからです。

ねこの聴力は鋭く、人間が約20キロヘルツまでの音しか聞き取れないのに対し、ねこはその3倍の60キロヘルツの周波数まで聞き取れます。

一般的には女性のほうがねこに好かれやすいと言われているのも、このあたりが要因かもしれません。普通の男性の声は、ねこにとってはハスキーボイスすぎるのか、女性ほどは好まれないようです。

もしあなたが男性なら、そうしたハンディキャップを克服しましょう。

一度一人っきりのときに「○○ちゃ〜ん（ねこの名前）」と練習することをお勧めします。冷静に考えれば相当にシュールな光景ですが、そんなことは気にせず、しっか

りと高い声がでるまで、練習しておいてください。少々の家族の驚きと、今まで以上の「ねこの好意」を得ることができるでしょう。

まとめ

見せかけの権威より、ねこの好意を取る

嫌われないために知っておきたい3つの感情表現

ねこと暮らすにあたり、彼らの気持ちを察してあげることは、基本中の基本です。特に、怖がっているのに気づかなかったり、嫌がることを続けてしまったりすると、せっかく築いた信頼関係も水泡に帰してしまうかもしれません。

そうならないために、必要最低限のねこの感情表現をお伝えします。多すぎて覚えられない、ということのないよう、緊急度の高いものを厳選しました。もし彼らがこのボディランゲージを示したら、注意深くケアしてあげてください。

さらに好かれるための3つの感情表現

ねこは自分の欲求を満たしてくれる人を好きになります。人間もそういう傾向はあ

しっぽ「ブンブン」＝不快

しっぽ「ボン」＝恐怖・興奮

声「シャーッ」＝怒り

りますが、ねこの場合はウラオモテが全く無い分、その反応も正直です。やればやった分だけ効果を実感できます。

次のボディランゲージを覚えて、より大きなねこの好意を獲得してください。

のど「ゴロゴロ」＝喜び

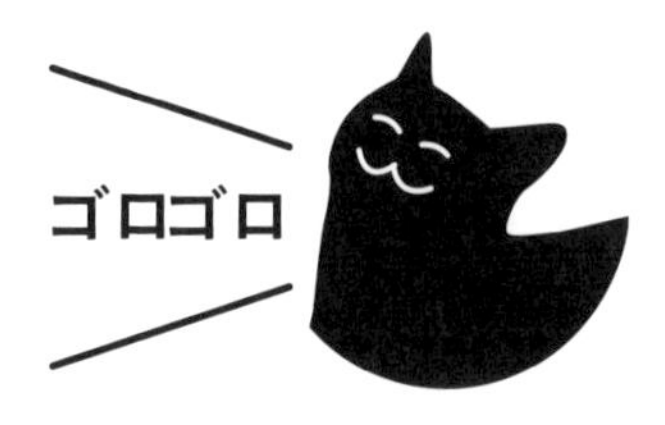

しっぽ「ピン」＝喜び

目「ゆっくり細める」＝満足

ねことの暮らしは「完全室内」が基本

ねこと暮らすことになったら、外には一切出さず、室内だけで暮らしてもらいましょう。

それがねこの寿命を伸ばすことに直結するためです。

完全に室内で暮らしているねこの平均寿命は約16歳ですが、野良ねこの寿命は5〜7歳程度しかないと言われています。

もし「閉じこめて可哀想なのでは？」と思ったのであれば、それは大丈夫ですので安心してください。

ねこはなわばりの動物なので、安心できるのは自分のにおいがついた領域の中だけだからです。

むしろ外に出すことの方が、恐怖を与えることになってしまい可哀想です。外だと他のねことの争いがあり、なわばりを守るための心配や、戦ってケガをする危険が増えてしまいます。

まれにリードをつけてねこを散歩させている人がいますが、子ねこの頃から特別に慣らさないかぎり、ねこは脅えてしまうでしょう。安全ななわばりを提供してあげる室内のほうが、ねこにとって安心なのです。

例えばわが家のまるたろう。末っ子の茶トラのねこですが、家ではわがもの顔でやんちゃをしています。しかし以前動物病院に連れて行ったときなど、鳴きやまずに大変でした。車の中でも、向こうについてもずっと鳴いていています。なわばりの外に出てしまったので、不安でしょうがないのです。

このように、ねこにとっての精神的安定は、なわばりに大きく左右されるのです。

ただし、歳をとるまで野良ねこ生活が長かったねこの場合は、外に出たがる可能性があります。自分のなわばりが外にもあるからです。そうなると、外に出て見回りができないことがストレスになることも。そこは悩ましいところなのですが、極力室内で満足してもらえるようストレスを解消してあげ、なわばりは室内だけ、ということに徐々に納得してもらいましょう。

なお、外に出すことでの大きな危険は、やはり交通事故です。

ねこはあれだけ高い運動能力があるにも関わらず、横から高速でくる車を認識するのが苦手なようで、交通量の多い道路なども一気に突っ切ろうとしたりします。先に述べたなわばりの巡回や、えさの確保などもあるので、危険な横断を繰り返したりもするのです。

そのような危険な目にあわせないためにも、都市部では特に、完全に室内で暮らすことをおすすめします。

まとめ

ねこと人の安心のためにも、室内だけで暮らすのがベスト

いつまでも健康でいてもらうための、ねこへの食事の基礎知識

私が残念に思うねこへの常識の1つに「ねこまんま」があります。ごはんにカツオ節をかける食事のことです。

なぜ残念に思うかというと、ねこの健康にとって害があるにも関わらず、ねこの食事の代名詞のように言われているからです。

ねこは人間と身体の構造が違います。炭水化物も塩分も、さほど必要ではありません。逆に、炭水化物が4割以上含まれた食事は、高血糖や下痢を引き起こします。塩分も、尿として排泄できないと身体に負荷をかけてしまいます。特に雄ねこはもともと腎臓の病気になりやすく、6歳以上では泌尿器系のトラブルを抱える事が増えます。特に膀胱や尿道の病気は重症化することが多いもの。だから無用な負荷をかけるべきではないのです。

牛乳も、同じように誤解されているものの1つです。実は、ねこは牛乳に含まれる

乳糖を分解するのが苦手。だからお腹の調子を悪くしてしまうことが多いのです。これには幼猫の時期なら比較的大丈夫という説もあり、また個人差もあるようです。しかし少なくとも「ねこにはとりあえず牛乳」といった常識は、ねこにとって迷惑な話です。ただし、ねこ専用ミルクとして売られているものであれば、あらかじめ乳糖が分解されているので大丈夫です。

このねこまんまや牛乳のように、ねこについての常識を鵜呑みにすると思わぬ失敗をしてしまうもの。だから、ねこが必要とする栄養素は、ざっくりとでもよいので押さえておきましょう。

ねこにとって大切な栄養分は「たんぱく質」です。人間と同じで体内でアミノ酸に分解されて使われます。体内で合成できないために食事で取り入れる必要がある必須アミノ酸もありますから、バランスを考えて与える必要があります。例えばねこが喜ぶからといって同じ魚ばかり与える、というようなことは避けたいものです。

このように見てくると、ねこの食事は、安易に考えてはいけないことが分かります。とはいえ、毎日の食事をいちいち考えるのはとても大変。ではどうするか、ということですが、「信頼できるメーカーのキャットフード」を利用しましょう。

キャットフードにはドライフードとウェットフードの2種類があります。長期保存がきいて、与えるのも容易なドライフードがメインになるでしょう。ただし、水分が不足しないよう、十分な水を与えることに注意してください。

一方でウェットフードは水分も同時にとれるのが利点ですが、痛みやすいのと、価格も割高になりがちです。このあたりのバランスを考え、適宜使い分けていきましょう。

ちなみにわが家での選択基準は「行きつけの動物病院で使っているメーカーかどうか」。よく分からなければ、あなたのねこの担当獣医さんにおすすめを聞くのが一番確実です。

というのも、ラベル表記を見ても、判断がつきにくいからです。日本には一応「愛玩動物用飼料の安全性の確保に関する法律」があるのですが、この法律、原産国表示を義務づけていません。成分の表示義務はあるものの、添加物の表示義務もありません。そもそもこの法律ができるキッカケとなったのは、中国製のキャットフードで多くの死亡事故が起こったからなのですが、基準が甘いと言わざるをえません。

だから正直言って、よほどの専門知識が無い限り、安全なキャットフードを選ぶのは困難。だからプロである獣医さんに聞くのがベストと思い、選択基準としています。

なおご参考までに、キャットフードで評価が高いのは日本製やアメリカ製、そしてドイツ、イタリアなどのヨーロッパ製です。

まとめ

ねこと人は必要な栄養素が違うので、同じように考えない

ねこに長生きしてもらうための温度管理

ねこはよく、くつろぎながら身体を舐めて毛づくろいをします。その様子を見ているだけで、こちらもなんだかリラックスした気分になれるから不思議です。

ねこはとってもキレイ好き。その毛づくろいで、舐めることで清潔に保つと同時に、余計な匂いを消しつつ自分の匂いをつけています。

わが家には「ひょう」という気の強い茶トラのねこがいるのですが、かれは自分の体毛の清潔さに並々ならぬこだわりの持ち主。私が背中をなでると「変なニオイをつけられた」とばかりに、せっせとその部分を舐め、自分の匂いで上書きすることもしばしば。少々悲しい気もしますが、自分の見た目と気分をつねにベストに保とうとするその姿には感心させられます。

なおねこは犬と違って、服を着せようとすると非常に嫌がります。無理に着せようとすると嫌われてしまいますので、よほど抵抗がない子でもない限り、「服を着た可愛いねこの写真を撮りたい」といった望みは、諦めたほうがお互いのためです。

さて、ねこは肉球以外からは汗をかけませんので、暑いのが苦手。温度調節がしにくい体質です。さらに毛皮のコートを来ているも同然のねこですから、室温の管理をしてあげることは、ねこにとってとても大切です。

一年を通じて室温を快適に保ち、ねこの身体に負担がないようにしてあげましょう。特に気をつけたいのは、やはり夏です。近年は暦の上で夏になっていなくとも暑いですから、人が自分の体温で必要性を感じなくとも、ねこのために冷房を早めにかけた

いものです。

ちなみに、ねこも人間と同じで、暑苦しいと距離をおいて避けようとします。だからエアコンをかけて涼しくしていれば、暑い夏でもコミュニケーションの頻度が増えますので、そういう面でもお勧めです。

また、老齢のねこがいる場合は、寒さに注意が必要です。老齢の雄ねこは膀胱の病気になりやすく、寒いことで発病する危険が高まると言われています。膀胱炎→腎臓病というのは老齢の雄ねこがなりがちな病気のパターン。寒い部屋にしてしまうと、この負の連鎖が起きやすくなってしまいます。そうならないよう、冬が近づいたら早めに部屋を暖かくしてあげてください。


わが家には、最初に育てた「こじろう」というキジトラの雄ねこがいました。その子はまさに冬に調子が悪くなり、その後膀胱炎→腎臓病という形で病気が進んでいってしまいました。腎臓は一度機能が落ちると、二度と戻りません。「あのときもっと暖かくしておけば」と今でも後悔することがあります。

そういう思いをしないためにも、ねこのための温度管理は一年中気をつけてあげてください。

まとめ

ねこのための温度調節は〝早め〟が大切

ねこに好かれるごはんのあげ方

食事の目的は、栄養をとって健康な身体を維持すること。それはその通りなのですが、栄養がありさえすれば良いかというと、ちょっと違います。

ねこの食事でも「気持ちの問題」は大きいのです。

人間でも、幼い頃の食事の記憶というのは特別なものがありますね。それと同じかどうかは分かりませんが、ごはんのあげかた次第で、ねことの信頼関係にも影響してくるのは事実です。

とはいえ、手間をかけた手料理を、などと言うつもりは無いのでご安心ください。ちょっとした工夫で、大きな効果が得られる方法をお伝えしましょう。

1、少しずつ何度もあげる

ねこへのごはんは、少しずつ分けて、回数を多くあげましょう。

本来、ねこは自分で餌を獲って、少量ずつ複数回に分けて食べる習性の動物ですから、身体の面で理にかなっているというのが理由の1つ。

もう1つの理由は、そうする事でねことの信頼関係を築くことができるからです。「おいしいごはんをくれる人＝好き」というのがねこの自然な感情。これは人間の子どもでも（人によっては大人でも）同じですね。

特にねこが幼い時期、具体的には生後2カ月までの間は、子ねこの社交性がもっとも育まれる時期です。この時期に人間からごはんをもらう嬉しさを覚えると、人好きなねこに育つでしょう。

その後も、ねこと暮らすようになって最初の1年は大切です。一緒に暮らし、毎日何度もごはんをあげることで、ねこに「この人が自分の親だ」と覚えてもらうことにつながります。

わが家では、自分でごはんを食べられないほど幼い場合は、ねこ用の哺乳瓶で与えます。生後1カ月もたつと、ウェットフードなら自分で食べられるようになるので、お皿にいれて与えます。保護したねこを全てうちで引き取るわけにも行かないので、里親さんを探すことも多いのですが、このような育て方をすると、その後その子が里子にもらわれていった先でも懐くのが早く、幸せな関係を早く築けます。

この時期は、多少手間がかかっても、ごはんの催促に応じてあげるのがよいでしょう。何度も催促されるのは手間ですし、可愛くてつい大盛りであげたくなってしまうかもしれませんが、食べ過ぎてしまうリスクも大きいのでお勧めしません。ねこが複数いる場合、食いしん坊の子が他の子の食べ残しを平らげてしまい、いつのまにか大きくなってしまうこともありえます。ねこも太り過ぎは身体に良くありません。そういう意味でも、やはり少しずつ与えるのがベストです。

2、ねこの個別の好みに合わせてあげる

「ねこは味が分からない」といった説をたまに見聞きしますが、それは全くの誤りです。むしろ逆に、ねこの味覚は非常に鋭いのです。

ねこが舌で味を感じる能力があるのは当然のことですが、それに加えて、鋭い嗅覚

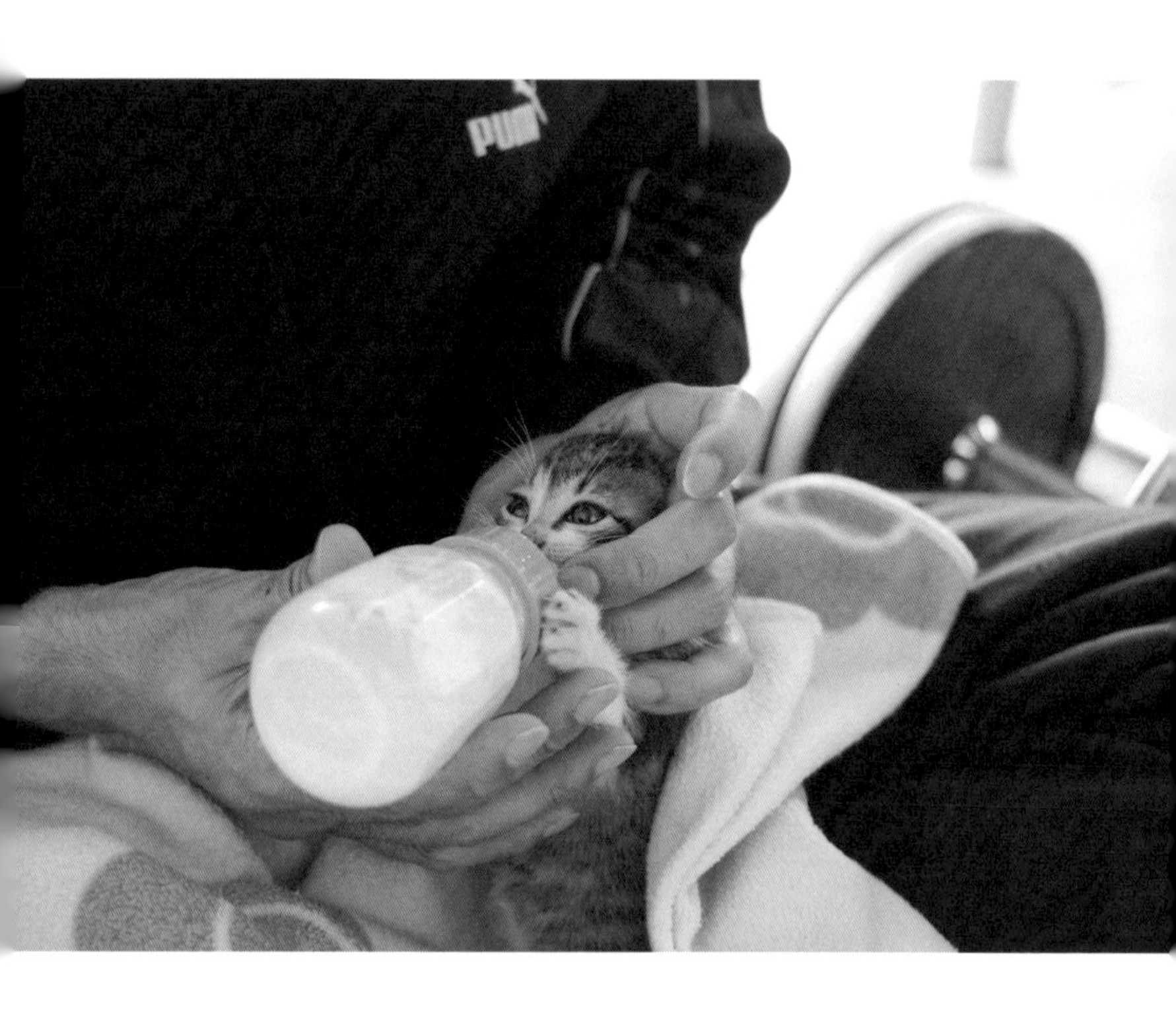

があります。ねこのにおいを嗅ぐための粘膜は人間の2倍、細胞の数でいうと2億個を超えています。人間も風邪で鼻をやられると全く味が分からなくなるように、嗅覚と味覚はとても関係が深いもの。こうしたことからも、ねこの味覚が鋭いことが分かります。ちなみにねこにとって重要な栄養成分であるたんぱく質や脂質については特に鋭いようです。

このように鋭い味覚をもつねこですから、好き嫌いもありますし、おなじ味ばかりでは飽きてきます。以前は喜んで食べていたドライフードに見向きもしなくなる、ということもよくあります。

そこで、ラクに、ねこの好みに合わせる小技をお伝えしたいと思います。わが家では7匹のねこがそれぞれ好みにうるさいですが、この方法で毎回満足してもらっています。

それは、高さ20㎝程のプラスチックビン数本に、違う種類のドライフードを小分けしていれる、という方法です。こうしたビンは最近は、雑貨のセレクトショップや100円均一の店でも数多く売られおり、入手しやすいです。

そしてビンにはラベルを貼っておきます。ごはんの時間になったら、それぞれのねこの好みに合わせて、ビンから入れてあげるのです。

これなら多くの種類をラクに使い分けることができます。1つのごはんを食べなくても、すぐに次のものを入れることができますし、何種類かををミックスすれば、味のバリエーションも増え、当分飽きることはありません。

この方法は、特に何匹も一緒に暮らしている場合に効果を発揮します。それぞれのねこの好き嫌いに応じて、適切なものをあげることができますし、たとえ苦手な味のごはんでも、好きなごはんを上から振りかけることで食べてくれるでしょう。


この方法のもう1つの利点は、ねこに「かわいいおねだりの声」を出してもらえるようになることです。

ビンを手に取り「ごはん?」と聞きましょう。「にゃ〜」と鳴いてくれたら、すかさずごはんを入れます。かわいくねだるとごはんがもらえる、と関連付けて学習してもらいましょう。

好かれる目的以外にも、健康上の理由でごはんを使い分けるときも役立ちます「最近毛玉が多いからヘアボールコントロールを食べさせたいな」とか「太り気味だからダイエットフードを食べさせたい」というときも、この方法をためして見てください。

あなたの評価も上がり、ねこも満足。一石二鳥です。

まとめ
食事のときもねこに好かれる工夫を

動物病院はしっかり選ぼう

ねこの健康のために動物病院を利用するのは、当然のことです。

特にねこがまだ幼い場合は、ちょっとした病気が大きな危険につながりますし、ワクチンの接種なども必要です。老齢に差しかかったねこにも、病気の予防やケアは不可欠。

多少厳しい言い方ですが、理由がなんであるにせよ、ねこを動物病院に連れて行くことができないならねこと暮らす資格はありません。人間の子供に置き換えてみれば誰でもわかること。生命と健康の維持に努力するのは、保護者の当然の義務です。

さて、動物病院ならどこでもいいかというと、そんなことは決してありません。というのも「勉強し続けている獣医師と、もう勉強していない獣医師」がいるためです。医学は日々進歩していますが、技量の進歩がずいぶん前に止まってしまっている人もいるのです。知りあいの話ですが、ねこの去勢手術をお願いしただけなのに、死にかけるほど体調を崩してしまった、ということがありました。また、なかなか良くならないので別の動物病院に連れて行ったら、全く別の病気ですぐ治った、要は誤診だった、という話も聞きました。

あなたの大事な家族であるねこを任せるのであれば、やはり新しい治療法を知り、それを実践してくれる人に任せたいものですね。

わが家の例で言えば、先天的な病気の子ねこを保護したことがありました。眼球とまぶたが癒着してしまい、寝ても目が閉じない。このままだと眼が乾燥して失明してしまう状態でした。幸いお願いしていた獣医さんは勉強熱心な方で、その種の症例に大変詳しい獣医さんと連携をとっていただき、難易度の高い手術の末、無事に治してもらうことができました。また、その子は睾丸がうまく降りてこなくて体内で害になりそうだったのですが、早期に発見していただいたおかげで事無きを得ました。

もしあのとき、誤診されてしまったり、誤った処置をされてしまったら……。考えるだけでも恐ろしいことです。

ちなみにそのときの茶トラのねこは「ひょう」と名づけられ、元気にわが家で暮らしています。


信頼して任せられる獣医さんと知りあうためには、最初にたまたま入った動物病院にそのまま惰性で通い続けるのではなく、いくつかの異なる動物病院に行ってみることです。人間の医療でもセカンドオピニオンといって、別の医師のアドバイスを求めるのは普通の行為。ねこでも同じことです。

あるいは、ねこに詳しい人にアドバイスを求めたり、事前にネットで口コミでの評価を調べるのも、効率を良くしてくれますのでお勧めです。


ちなみに、この本の監修者でもある私の妻が運営するＷｅｂサイト「知識ゼロからのねことの暮らしかた　ねころん」(http://www.nekoron.com/)でも、そうした相談に無料で乗っていますので、身近に相談相手がいない場合は、ご遠慮なく相談してみ

てください。

まとめ

動物病院は、人間の子どもと同じ意識でしっかりと選ぶ

ねこの満足度が飛躍的に高まる、家具の配置のコツとは？

ねこが喜ぶ住まいのポイントは、「上下の運動ができること」です。

なにしろねこは身長の5倍も飛び上がれる運動能力の持ち主。加えて高いところに登ると、精神的にも満足感を得るようにできています。

ここは人間にはなかなか想像つきにくいところです。階段が身長ほどもあったら不便極まりないですね。だからつい配慮を怠りがちでもあります。しかしねこの心とカラダの健康にも関わってきますので、しっかり押さえていきたいところです。

「上下運動」のために一番カンタンなのは、市販のねこ用のタワーなどを買うこと。検索エンジンで「ねこ タワー」などと入力すれば、多くの販売サイトがヒットします。

それに加えて工夫したいのが、家具の配置です。

段差が階段状で徐々に上がるようになっていると、ねこは喜んで登ります。そうした場所が複数あれば、ねこはてっぺんに登って、満足そうに毛繕いをしたり、寝場所にしてくれるでしょう。


私のおすすめは、ちょうど目の高さあたりがてっぺんになるタワーないし家具を、部屋の中央に配置すること。あなたがそこを通りかかるたびに、可愛い寝顔を目の前に見ることができるからです。

わが家には「まるたろう」というねこがいるのですが、部屋の中央の麻巻きタワーがまさにお気に入り。部屋に入ると目の高さにその子の寝顔、ということがよくあります。


この癒し効果は大変大きいものがあります。それが毎日続くのですから、あなたへ

の精神面・肉体面での好影響は計りしれません。たとえ多少の出費が必要だとしても、安い投資だと言えるでしょう。

ねこも人も喜ぶ住環境は「段差と高さ」で決まる

後悔しないねことの出会いかた

この本を読んでいただき、ねこと暮らしたくなった方もいることと思います。ねこはあなたの人生に大きな影響を与える大切なパートナー。その判断は、まさに一生の選択です。そこでねことの出会いかたについて、お伝えしたいことがあります。

それは「ねこはペットショップで買うのではなく、保護団体などから引き取ってあげてください」ということです。

その理由は2つあります。一つ目の理由は、殺処分されてしまう不幸な命を救ってあげられるからです。日本ではいまだに年間8万匹ものねこが殺処分されています。引き取ってあげれば、その命は救われます。

もし不幸なねこがたくさんいる行政の施設に行くのに抵抗があるなら、間接にでもかまいません。動物愛護団体やボランティアの方が多くのねこを行政から引き取ってくれていますので、そうした団体・個人の所に会いにいくのがよいでしょう。近年ねこの殺処分数が減っている背景には、こうした団体・個人の方々の努力があるのです。

二つめの理由は、不幸なねこを増やさないためです。大変残念なことに、今の日本のペット流通では多くの会社がねこを商品として扱っています。商品として扱うから不良品は事前に廃棄し、流通でのロスを容認し、旬を過ぎたものは処分するという論理になります。ペットショップで大きくなってしまったねこは「旬を過ぎて価値が落ちた商品」と見なされ、最終的には殺処分されているケースもあるのです。

このような不幸なねこを増やさないためにも、できるだけ保護団体などから引き取ってあげて欲しいと思います。

また、純血種のねこを好むひともいるかもしれませんが、私はミックス、いわゆる雑種のねこが大好きです。なぜなら見た目が可愛い上に健康だからです。

ねこの場合は犬と違い、ミックスと純血種で大きさや見た目が大きく異なるということはありません。そのかわいさは全く同等です。これは好みもあるでしょうが、ミックスのねこはとても可愛く、ＴＶに出たり写真集になるような人気ねこたちでも、その多くはミックスです。

なお、ねこの純血種は近親交配を重ねていることが多く、特定の病気になりやすいと言われています。

例えばスコティッシュフォールドという純血種は、耳が垂れていることからペットショップで人気がありますが、耳が垂れるのは軟骨の形成が弱いからで、耳だけでなく全身の骨が弱いケースが多いのです。年をとってくると関節が弱くなり、歩くたびに苦痛を感じる子もいると聞きます。私は、ねこにそのような苦痛を味わわせるのには反対ですし、それを見守る家族も辛い思いをするでしょう。人の好みはそれぞれあっても良いと思いますが、将来こうしたねこが増えないよう、私たちも考える時期に来ているのではないでしょうか。

ちなみに、ミックスはこうした先天的な異常が少なく、一度病気になっても回復する力が強いです。

私が最初に暮らしたねこである「こじろう」は、ミックスだったこともあってか、重い腎臓病になって重篤化したあとも、獣医さんも驚くくらいがんばってくれて、2年半も生き続けてくれました。その時間は私と妻にとって、心の準備でもあり、過去に感謝する機会でもあり、とても大切な時間でした。

もしその時間がなかったら、心の準備が出来ず、別れはより辛いものになっていたと思います。また、こじろうが与えてくれたものに思いを致す余裕も無く、この本を書くことも無かったでしょう。

どこでねこと出会うかは、あなたの問題だけでなく、多くのねこ達の将来を左右する大事な決断。この本を読んでねこの素晴らしさを知ったあなたには、ぜひ後悔のないかたちで、素晴らしいねこと出会っていただきたいと思います。

まとめ

今、そして未来の不幸なねこを減らせる、出会いかたがある

知識ゼロからの子ねこの育てかた

子ねことの出会い、それはある日何の前ぶれもなくやって来ます。「道で鳴いている子ねこと出会ってしまった」。そんなとき、どうしたらいいか慌てますよね。

結論からいえば、親とはぐれているならすぐ保護してあげるのが正解です。なぜなら親ねこは、身体の弱い子ねこが今後生き残れないと判断すると、置いていってしまうことがあるからです。そこで助けてあげないと次第に鳴く元気も無くなり、見つけることもできなくなります。やがて子ねこは心細い思いの中で亡くなってしまうかもしれません。そんなことにならないよう、すぐに保護しましょう。

とはいえ、知識が全く無い中で保護するのも不安なもの。

そこで、慌てず騒がず大急ぎで子ねこを保護し、育てることができる方法をお伝えします。ここでは生後2カ月未満の幼ねこ・子ねこが突然やってきた場合を想定しています。子ねこの将来は身も心もあなたにかかっています。でも安心してください。下記の3ステップの通りにやれば大丈夫です。

（参考：Webサイト「知識ゼロからのねことの暮らしかた ねころん」より）

【ステップ0】　気持ちの準備

子ねこを助けたい、子ねこって可愛い、そう思ったらそこがスタートです。

【ステップ1】　はじめてのごはん

子ねこ専用粉ミルク、子ねこ用哺乳瓶を用意してください。

どこで買うかということですが、ペットショップだけでなく、ホームセンターやドラッグストア、デパートやスーパーのペット用品売り場でも買えます。

粉ミルクはお湯で溶き、人肌まで冷まします。哺乳瓶は吸いやすいよう先の乳首部分をカットしますが、大きくカットしすぎるとミルクが出すぎて誤嚥してしまうこともありますので、最初は小さめに開けましょう。

飲ませる時は哺乳瓶の角度に注意しゆっくりと、のどがむせないように飲ませます。頻度は1日4～5回が目安です。欲しがるだけ与えてかまいませんが、お腹がパンパンになりすぎていたら止めてください。

これらのものがすぐに用意できない場合は、代用品として牛乳1カップに卵黄1個を入れてかき混ぜたもので代用します。牛乳はねこにとって本当は良くないのですが（乳糖が下痢を起こす・栄養価が足りない）、一刻も早く栄養を取ってもらう事が先決。あくまで一時しのぎの代用品としてですが、与えてあげてＯＫです。

【ステップ2】　子ねこが安心できるハウス

人間のお家にやって来た子ねこは、新しい環境が不安でこわいもの。そんな子ねこの安心な砦、それが快適な子ねこハウスです。暗くて静かで暖かい、安心できる環境を作って、そっと入れてあげましょう。そしてミルクの授乳や排泄のお世話以外は、子ねこ自身が自分から出てくるまで無理に外に出さないように。ゆっくり見守ってあげましょう。

スチール製やプラスチック製のケージがあればベストですが、もし無ければ簡単に手に入るダンボールを活用しましょう。経験上ドラッグストアなどでトイレットペーパーやティッシュペーパーが梱包されている大きさのダンボールは使い勝手が良く、重宝します。天井は開閉式にすると、その後のトイレやごはんの出し入れがラクです。側面に、ねこの出入り口も作りましょう。

子ねこにとって適温の寝床はとても大切です。子ねこは通常母ねこや兄弟ねことくっついて暖を取り、体温を保ちます。その代わりとして底の部分に新聞紙を引き、古い毛布などを入れ、湯たんぽも入れます。湯たんぽがない場合は、40～45度位のお湯を入れたペットボトルや、使い捨てカイロをタオルで包んだもので代用します。この時やけどを防ぐために必ずタオルで包んで温度を確認してください。

【ステップ3】　とても大切な健康診断

子ねこを保護したら、できれば保護した当日、遅くても2日以内に動物病院で健康診断を受けましょう。野良の子ねこは栄養状態が良くない事も多く、体調が急変する可能性もあるためです。育てていく上で不安を取り除くため、受診は必須と考えてください。子ねこをそのままあなたの家族として迎え入れるにしても、里親さんが見つかるまでのお世話をするにしても、どちらの場合でもです。

野良の子ねこの場合、健康状態のチェックはもちろん、ノミの駆虫、性別の判別、およその月齢も知っておきましょう。獣医さんからお世話の仕方等アドバイスもたくさんもらえるはずです。そして分からないことはどんどん質問しましょう。遠慮は禁物、子ねこは獣医さんと会話ができません。そこはあなたがしっかりサポートをしてあげてください。

以上3ステップをざっとでも知っておけば、急にねこと出会ったとしても保護する心構えができます。いざというとき慌てるか、腹をくくって保護できるかはこうした準備が大きいものです。

もっといろいろ知りたくなったら、本書の監修者であり私の妻でもある、ねこ生活アドバイザーのかばきみなこが運営しているWebサイト「知識ゼロからのねことの暮らしかた ねころん」がお役に立つと思います。

無料メール相談もできるので、ご関心のある方はキーワード「こねこの育て方 ねころん」で検索するか、http://www.nekoron.com/ にアクセスしてみてください。

まとめ

知識さえあれば、いつねこと出会っても安心して保護できる

何匹ものねこと一緒に暮らすと、メリットだけが増えていく

すでにねこと暮らしている人は、１匹と暮らしている人が多いのではないでしょうか。統計によれば、１世帯当たりの頭数は平均約１・７頭。住宅事情などもあるとは思いますが、とてももったいないと思います。

というのも、ねこが増えても手間はあまり変わらないのに、得るものはとても大きくなっていくからです。

ごはんやトイレ掃除の手間は、ねこが増えても、回数はそれほど増えません。逆にねこ同士が遊ぶことで、手間がかからなくなります。

１匹しかねこがいなければ、ねこ同士のコミュニケーションが見られません。あなたとねこが１対１なら関係は１つですが、ねこが２匹に増えれば、関係は３つになり、ねこが３匹に増えれば、関係は６つになります。それだけ関係の数が増えれば、そこで展開されるコミュニケーションも増え、それを見守るあなたの喜びも比例して増え

ていくのです。

ちなみにわが家ではねこ7匹と人間2人なので、ねこが圧倒的多数。家はねこ中心で動いており、いろいろな喜びもあり、学びもありで楽しい日々を過ごしています。

この本も、そうしたねこからの刺激の数々が無ければ、決して書けなかったと思います。


ねこの数が増えることは、コミュニケーションが増えるだけでなく、それぞれの個性がより際立つことでもあります。

わが家の「ちぃちぃ」は茶白の親分肌。厳しくスキの無い性格ですが、その分ときおり見せるやさしさは、ねこも人も喜ばせます。

「まつちよ」は、気の弱いほうの茶トラねこ。家の中の勢力争いでは受け身に回っていますが、芯のつよさを感じさせてくれます。

「ひょう」は逆に、気の強いほうの茶トラねこ。意地っ張りな分、甘えてきたときの落差はとても可愛いものがあります。兄のまつちよにきつくあたるのですが、そこには甘えの裏返しを感じます。

「ココたろう」は、母性本能あふれる白黒ハチワレの雄ねこ。血の繋がらない子ねこを、母ねこのようにケアしてあげます。ねこはここまで包容力があるのか、と驚かせてくれました。

「きじたろう」はキジトラ白のおっとりした甘えん坊。自分に自信がないので、優柔不断なところがとても可愛いです。

「しまじろう」もキジトラ白で、きじたろうとは血を分けた兄弟ねこ。性格はまるで逆で、繊細で傷つきやすいのですが、ここ一番の甘えっぷりは他のねこの追随を許しません。

「まるたろう」は、末っ子のやんちゃな茶白ねこ。いつまでたっても幼く、みんなに可愛がってもらえる愛嬌の持ち主です。

ねこ同士のコミュニケーションを見ることで、それぞれの個性をより深く感じることができ、さらに愛着は深まります。ねこがどのように社会で振る舞うかも学べます。毎日が、愛情を感じ、学びを得る場に変わります。

それを見守るねこ好きのあなたにとって、それ以上の喜びがあるでしょうか。

まとめ

ねこと暮らすなら、多頭飼育をぜひ検討しよう

ねこと暮らす勇気

この本ではねこと暮らすメリットについて、さまざまな角度からお伝えしてきました。ねこと暮らすことの素晴らしさに気づき、中にはねこと暮らすことを決めた方もいるかもしれません。

しかし、ちょっと待ってください。ねこと暮らすには、責任がともないます。「メリットがあるから」とか、「かわいいから」という一時の感情だけでは、決めてはいけないことなのです。

なぜなら、ねことの生活は約16年、あるいはそれ以上続く長い時間軸の出来事だからです。ねこの一生を見守り、最後まで寄りそう覚悟がなければ、共に暮らす資格はありません。どのような理由があっても、途中で飼育放棄をするなどもってのほか。それは、「動物の愛護及び管理に関する法律」(動物愛護管理法)に反する犯罪でもあります。

ねこと暮らすことは、あなたの人生の時間を、ねこのために使うということです。ひょっとしたら、趣味の時間が削られるかもしれません。長期間家を空けることも難しくなるので、長期旅行が好きな人は、それも制限が出てくる可能性があります。そのようなことも踏まえた上で、ねこと暮らすかどうかを決めなければいけません。一切自分の時間を削りたくないのであれば、ねこと暮らすのは諦めるべきでしょう。

経済的な面でも、負担があります。ねこはペットとしては比較的お金がかからない方ですが、それでも良い環境を整えてあげるには、一定のお金はかかります。健康のためには専用のキャットフード、それも質の良いものを選びたいもの。またトイレも、清潔に保とうと思うと、専用の砂なども結構な勢いで減っていきます。そしてねこが老齢に差しかかったとき、動物病院になんども通うことになるかもしれません。その費用は高額になることもしばしばあります。そのような出費を苦痛に思うのであれば、ねこと暮らすには向きません。

そして最もつらいのが、ねことの別れ。ねこの寿命は人間よりもはるかに短いです。家族として大切に思う存在が、あなたの人生から去っていく辛さを必ず味わわなければなりません。中にはペットロス症候群になってしまい、心が深く落ち込んでしまい、なかなか元に戻れない人もいます。深く愛すればその分、悲しみも深いのです。

このように、ねこと暮らすことは楽しいことばかりではなく、辛いことも必ずあるもの。楽しいことと辛いこと、その両方を受け入れる覚悟があるでしょうか？

ねこと暮らすには勇気もまた、必要なのです。

まとめ

ねこと暮らすには、一生よりそう覚悟が不可欠

本書に登場した、著者に学びをくれたねこ達（敬称略）

こじろう　キジトラ白　♂

ちぃちぃ　茶トラ白　♂

松千代　茶トラ　♂

ひょう　茶トラ　♂

ココたろう　白黒ハチワレ　♂

きじたろう　キジトラ白　♂

しまじろう　キジトラ白　♂

まるたろう　茶トラ白　♂

ルーク　茶トラ　♂

たろう　キジトラ白　♂

みーこ　三毛　♀

おわりに

この本を書くにあたっては、多くの方とねこのお世話になりました。

「ねこと暮らすことは、想像している以上に素晴らしい！」と居酒屋で力説したところ「それは面白い」ということで執筆の機会を頂き、さらに「ねこ啓発」というキーワードまで考案してくれたのが、この本の担当編集者でもある自由国民社の竹内尚志さんです。

もともと犬派だった私にねこの素晴らしさを教えてくれ、ねこと暮らす機会をくれたのは、本書の監修者でもある妻の美奈子です。彼女はねことの暮らしの相談サイトを運営しており、ボランティアでのべ2，000件の相談に乗っています。

「知識ゼロからのねことの暮しかた ねころん」http://www.nekoron.com/

献身的に「ねこと人の幸せな生活」の啓蒙活動を行っている姿に、いつも頭の下がる思いです。

そして初めていっしょに暮らしたねこであり、家族として多くの癒しと成長をくれた「こじろう」。彼と17年間いっしょに暮らせたことが、どれだけ私の人生に好影響を与えてくれたか計り知れません。

また、現在いっしょに暮らしている7匹のねこ、「ちぃちぃ」「まつちよ」「ひょう」「ココたろう」「きじたろう」「しまじろう」「まるたろう」にも、日々癒しと成長の気づきをもらっています。彼らとの生活がなければ、この本もまた無かったでしょう。

まだまだねこの素晴らしさは語り尽くせません。ただ拙いながらもこの本が、不幸なねこが1匹でも減る一助となり、そして幸せな人とねことの信頼関係が1組でも増える橋渡しとなることを祈念し、筆を置きたいと思います。

樺木 宏

樺木 宏（かばき・ひろし）

保護ねこ7匹と暮らす 商業出版（※）コンサルタント
パーソナルブランディング・プロデューサー
株式会社プレスコンサルティング 代表取締役

出版関連の印刷業界に約15年間勤務しつつ、1年半の準備期間を経て独立起業。出版企画の作成、出版社との交渉、原稿の執筆支援、販売促進、ビジネスモデル構築等の業務を行い、この5年間で手がけた書籍は160冊以上。累計100万部を越え、ベストセラーも多数。

商業出版専門で、かつ新人著者を中心に応援することをモットーとしている。クライアントに「出版社や各種メディアから常にオファーがくる状態」になってもらうことを支援のゴールとしているため、10冊以上継続して出版し続ける著者を多く輩出するなど「本を出し続けるビジネススタイル」の提案を特色とする。著者本人も気づかない強みを見いだすことを得意としており、「真摯に向き合う」が信条。

クライアントには経営者、投資家、弁護士、税理士、医師、心理学博士、大学教授、コンサルタント、コーチ、セミナー講師、整体師、柔道整復師、ボイストレーナー、カジノディーラー、サラリーマン、専業主婦など多彩な顔ぶれが並ぶ。

保護ねこ7匹と暮らしており、ライフワークは「人とねこの幸せな関係」づくりとその啓蒙活動。

オフィシャルHP　http://pressconsulting.jp/
インスタグラム　h_kabaki

（※）商業出版　出版社側がリスクを負う出版形態。書籍の制作費用や広告費用などの全てを出版社が負担し、書籍の専門商社である出版取次を経由して、全国書店に並ぶ。著者は一切費用を負担せず、逆に印税をもらって執筆する。出版の可否は全て出版社側の判断で決まる上、本を出すためには、確かな内容であるだけでは不十分で、既存の本と比較して独自性も求められるため、一般にハードルが高いとされる。著者は商業出版することで権威が高まり、知名度や集客力が向上するなどのブランディグ効果も得られることから、主に経営者や士業、コンサルタントなどのビジネスパーソン達が、商業出版を目指すことが多い。

【監修者】
かばき みなこ
ねこ生活アドバイザー

ねこ好き家族のもと、ねこと共に育つ。一度は保護した子ねこを失った経験から「ねこと人の幸せな生活」の追求をライフワークにすることを決意。２００９年に子ねこの育て方を教えるＷｅｂサイトを立ち上げ、これまで受けた相談件数はのべ２，０００件以上。現在は子ねこの育て方だけではなく、老ねこの介護も支援。自ら子ねこを保護し、里親を探して譲渡する活動も行う。商社勤務の経験が長く、生活雑貨の商品開発に携わってきたことから、ねこグッズ・ねこ雑貨の商品開発なども得意とする。

ＨＰ「知識ゼロからのねことの暮し方 ねころん」http://www.nekoron.com/

幸せになりたければねこと暮らしなさい

二〇一六年（平成二十八年）十二月三十一日　初版発行
二〇一九年（平成三十一年）二月二十一日　初版第二十五刷発行
二〇二一年（令和三年）十一月二十一日　新装版発行
二〇二二年（令和四年）一月二十三日　新装版第二刷発行

著　者　樺木宏
監修者　かばき みなこ
発行者　石井 悟
発行所　株式会社自由国民社
　東京都豊島区高田三―一〇―一一　〒一七一―〇〇三三
　電話〇三―六二三三―〇七八一（代表）
造　本　JK
印刷所　大日本印刷株式会社
製本所　新風製本株式会社